Praktisches Konstruieren von Eisenbetonhochbauten

Von

Baumeister **Rudolf Bayerl**

Leiter der Kurse für Eisenbeton und Baumechanik der Zentralvereinigung der Bauführer Österreichs, Assistent der Baugewerblichen Fachkurse des Prof. A. Baudouin, Wien

unter Mitwirkung von

Ing. **Adolf Brzesky**

Ger. beeid. Sachverständiger

Mit 67 Textabbildungen

Springer-Verlag Berlin Heidelberg GmbH

1930

ISBN 978-3-7091-5271-3   ISBN 978-3-7091-5419-9 (eBook)
DOI 10.1007/978-3-7091-5419-9

Vorwort

Vorliegendes Buch stützt sich in seinen Grundlagen auf die neuen Bestimmungen für Eisenbeton, Önorm B 2301 und B 2302, II. Teil, Bauliche Grundsätze und Standberechnung. Es geht aber über den Rahmen einer bloßen Erläuterung der Vorschriften weit hinaus und bringt in geeigneten Zusammenstellungen jene Formeln mit Hilfstafeln, die beim Konstruieren von gewöhnlichen Eisenbetonhochbauten gebraucht werden. Für diese Bauwerke kommen hauptsächlich Decken, Stützen, eingespannte und durchlaufende Träger und Unterzüge, sowie Stockwerksrahmen in Betracht. Aber nicht nur des Konstrukteurs, sondern auch des Baupolizisten ist durch eine möglichst übersichtliche Anordnung des Stoffes und durch ein ausführliches Stichwörterverzeichnis gedacht. Da die österreichischen Bestimmungen eine Weiterbildung der Bestimmungen des Deutschen Ausschusses für Eisenbeton sind, so sind überdies die abweichenden Bestimmungen derselben unter D. B. in Fußnoten wiedergegeben.

Die einwandfreie Herstellung von Eisenbetonbauteilen, innerhalb welcher zwei gänzlich verschiedene Baustoffe, wie Beton und Stahl, zusammenwirken, erfordert nicht nur eine gründliche Kenntnis der Eigenschaften derselben und des Arbeitsvorganges, sondern auch ein Vertrautsein mit der Berechnungsweise der auszuführenden Baukörper. Der geistige Zusammenhang von Planung, Konstruktion und Ausführung ist im Eisenbetonbaue um so wichtiger, als dem Unternehmer die Aufgabe obliegt, die gelegentlich der statischen Berechnung vorausgesetzten Güteeigenschaften der einzelnen Bauteile und des ganzen Bauwerkes zumindestens zu erreichen.

Die Anregung zu dieser Arbeit gab die überaus günstige Aufnahme des Buches: „Zement und Beton" von Ing. A. BRZESKY, Wien, seitens der Praktiker, welches die Ausführung von Eisenbetonbauten unter Zugrundelegung der Önorm B 2302, I. Teil enthält. Durch seine freundliche Mitwirkung an vorliegendem Buche hat Herr Ing. Brzesky demselben einen hervorragenden Dienst erwiesen, wofür ihm der herzlichste Dank des Verfassers gebührt. Bei der Abfassung von Zeichnungen und Vornahme· der Korrekturen war mir Herr Jakob Jenik behilflich und sei ihm hiefür bestens gedankt.

Nachfolgende Arbeit kann weder einen Ersatz für die Übung in der Berechnung schwieriger Konstruktionen bieten, noch in schwierigen Baufällen die notwendige Hilfe der auf diesem Sondergebiete besonders erfahrenen Fachleute ausschließen; sie soll dem ausführenden Praktiker ein möglichst kurz gefaßter Wegweiser sein, dessen Studium ihn in die Lage versetzt, die Ergebnisse selbst schwierigerer statischer Berechnungen rasch zu verstehen und dieselben im Sinne des Planenden in die Praxis zu übertragen.

Gelingt es, die Kenntnis der gewöhnlichen Bauaufgaben und das Verständnis für schwierigere Konstruktionen in die weitesten Kreise der ausführenden Praktiker zu tragen, so wird das Verwendungsgebiet des Eisenbetonbaues eine noch größere Ausdehnung erlangen und dessen Wirtschaftlichkeit und Sicherheit vergrößern. Anregungen und Vorschläge aus der Praxis werden stets mit Dank entgegengenommen.

Wien, im Dezember 1929.

Der Verfasser

Inhaltsverzeichnis

Tabellenverzeichnis

Einleitung

Das Ziel der Planung von Eisenbetonbauten ist: zweckentsprechende, sichere und billige Bauten oder Bauteile zu projektieren; zweckentsprechend, weil sonst weitere Aufträge ausbleiben, sicher, da der Erbauer für alle Schäden verantwortlich ist, billig, um überhaupt einen Bauauftrag zu erhalten.

Die Arbeit der Planung wird man meistens in folgende Unterstufen teilen können:

1. Der Entwurf: er umfaßt die Festlegung der äußeren Gestalt und der Raumausteilung, die Wahl des tragenden Systems durch Erfüllung einer Reihe von Erfahrungsgrundsätzen und die in Gestaltung umgesetzte Verformungsvorstellung des Entwerfers, die Auswahl der Baustoffe, Ausarbeitung des Arbeitsplanes, die Anwendung verschiedener wirtschaftlicher Überlegungen usw.

2. Die Konstruktion: Diese geht nach Erfüllung gewisser, aus der Erfahrung stammender Konstruktionsgrundsätze zur eigentlichen Standberechnung über, detailliert die einzelnen Bauteile und unterzieht sie der Kontrollrechnung, die bei keiner Standberechnung fehlen darf.

3. Die Kostenberechnung: Bei großen Bauausführungen, wie Hallen, Industriebauten usw. erfordert die Errechnung des Kostenminimums, selbst bei großer statischer und wirtschaftlicher Begabung des Konstrukteurs, die Ausarbeitung mehrerer Vergleichsentwürfe. Je einfacher das Bauwerk ist, desto leichter läßt sich die Bedingung der Wirtschaftlichkeit in Formeln oder Regeln fassen.

Das Konstruieren von Eisenbetonbauten hat vor allem die Bedingung der Sicherheit der zu entstehenden Bauwerke zu erfüllen. Aus diesem Grunde ist es auch in allen Staaten durch gesetzliche Bestimmungen geregelt. Wenn diese auch untereinander stark abweichen, so haben sie naturgemäß die Anpassung an den Gang des Konstruierens gemeinsam. Dieses gilt in besonderem Ausmaß von der Önorm B 2302, II. Teil:

Bauliche Grundsätze und Standberechnung. Deshalb gibt zweckmäßig der Aufbau der Önorm zugleich das Gerippe für die Besprechung des Konstruierens ab. Ihre Bestimmungen sind im folgenden Text durch den stehenden Balken hervorgehoben. „Die auszugsweise Wiedergabe derselben erfolgt mit ausdrücklicher Genehmigung des OENIG, Österreichischer Normenausschuß für Industrie und Gewerbe, Wien III, Lothringerstraße 12.“ Daselbst können auch die für den Eisenbetonbau richtunggebenden Normenblätter:

B 2301 Einheitliche Bezeichnungen im Eisenbetonbau,
B 2302 Bestimmungen für Eisenbeton,
B 2303 Bestimmungen für Versuche an Probewürfeln bei der Ausführung von Bauwerken aus Beton oder Eisenbeton, ferner die für den gesamten Hochbau wichtigen Normenblätter:

B 2101 Belastungen im Hochbau,
B 2102 Beanspruchung des Mauerwerkes im Hochbau,
B 2103   „   „ Holzes   „   „
bezogen werden.

Der Vorgang beim Konstruieren ist unter Benutzung der Önormen meist folgender:

1. Einhaltung der Konstruktionsgrundsätze. Diese stellen wichtige Erfahrungsgrundsätze dar, sind unabhängig von der Belastung, aber sehr oft für das Eigengewicht der Konstruktion maßgebend. Hiezu: Önorm B 2302, § 14, Bauliche Grundsätze.

2. Aufstellung der Belastung. Die Belastungsannahmen für Hochbauten sind in der Önorm B 2101, Belastungen im Hochbau, enthalten.

3. Ermittlung der äußeren Kräfte und des Einflusses von Temperaturschwankungen und des Schwindens. Hiezu Önorm B 2302, § 16 und 17.

4. Aufstellung der zu den gewählten Baustoffen, zum Bauteil und zur Art der Belastung gehörenden Spannungen. Hiezu Önorm B 2302, § 19.

5. Bemessung der Hauptquerschnitte und Kontrollrechnung für dieselben: Önorm B 2302, § 18.

6. Bemessung der übrigen Querschnitte (Momentendeckung, Schubsicherung usw.), Austeilung der Stahleinlagen.

Die Bestimmungen der Önorm B 2302, II. Teil, Bauliche Grundsätze und Standberechnung, enthalten neben Vorschriften, die für alle Bauteile gelten, auch eine große Anzahl von solchen, die nur für besondere Bauteile anzuwenden sind. Hiernach kann man unterscheiden:

Allgemeine Vorschriften: § 14, Z. 1 bis 5, § 16, § 17, Z. 1 u. 11, § 18, Z. 1 bis 5, § 19, Z. 1, 5, 6.

Vorschriften für besondere Bauteile, und zwar:

Platten: § 16, Z. 6; § 17, Z. 2 bis 5, 7; § 19, Z. 4.

Rippendecken: § 14, Z. 7; § 17, Z. 6; § 19, Z. 4.

Pilzdecken: § 14, Z. 8; § 17, Z. 8; § 19, Z. 4.

Balken und Plattenbalken: § 14, Z. 9; § 17, Z. 9, 10, 12, 13; § 19, Z. 4.

Säulen (Stützen, Druckglieder): § 14, Z. 10; § 17, Z. 14, 15; § 18, Z. 6 bis 11; § 19, Z. 2 bis 4.

Vom Konstruktionsbureau geht dann der Weg des Projektes zur Baubehörde. Für die rasche Beurteilung ist eine übersichtliche Anordnung der Pläne und der Standberechnung nötig. So bestimmt z. B. die Wiener Baupolizei zur raschen Erledigung der Bauansuchen in folgenden Richtlinien zur Verfassung statischer Berechnungen:

1. Berechnung der wirkenden ständigen oder veränderlichen Lasten und Einzeichnung derselben in die Projektspläne mit grüner Farbe.

2. Schematische maßstäbliche Darstellung des tragenden Systems und des Kräftespieles.

3. Berechnung der inneren Widerstände (Momente, Längs- und Querkräfte, Normal- und Schubspannung usw.).

4. Allgemeine Darlegung des gewählten Weges zur Berechnung der Spannungen in den Tragwerksteilen bzw. zu deren Dimensionierung mit eventueller Quellenangabe der benutzten Formeln bei Sonderfällen.

5. Tabellarische Zusammenstellung der durch Auswertung sub Punkt 4 gewonnenen Spannungen in den Tragwerksteilen mit Gegenüberstellung des zur Verwendung vorgesehenen Baumateriales.

Aber nicht nur die äußere Form und Anordnung, auch die abkürzende Bezeichnung einer Reihe von Rechnungsgrößen durch Buchstaben bedarf einer Vereinheitlichung. Dieses besorgt Önorm B 2301, Einheitliche Bezeichnungen im Eisenbetonbau.

Erster Abschnitt

Einheitliche Bezeichnungen

Der Wert der einheitlichen Bezeichnungen in mathematischen Ausdrücken ist heute so allgemein anerkannt, daß hierüber kein weiteres Wort zu verlieren ist. In der Önorm B 2301, Einheitliche Bezeichnungen im Eisenbetonbau wird deshalb die Verwendung folgender Buchstaben in alphabetischer Reihenfolge festgelegt, wobei die kleinen Buchstaben: Längenmaße und Verhältniszahlen, die großen Buchstaben: Statische Kenngrößen und die griechischen Buchstaben die Spannungen bezeichnen (vgl. hiezu die Abbildungen im § 19).

Bezeichnungen der Önorm

b .... Nutzbare Druckgurtbreite bei Plattenbalken, Breite von Rechteckquerschnitten

b_o .... Rippenbreite bei Plattenbalken

d .... Gesamthöhe von Rechteckbalken und Platten

d_o .... Gesamthöhe von Plattenbalken

$e = M : N$. Ausmitte

$f_e = \dfrac{F_e}{b}$ .... Zugeisenquerschnitt auf die Breiteneinheit

$f_e{}' = \dfrac{F_e{}'}{b}$ .... Druckeisenquerschnitt auf die Breiteneinheit

h .... Abstand des Schwerpunktes der gezogenen Eisen vom Druckrand (Nutzhöhe)

h' .... Abstand des Schwerpunktes der gedrückten Eisen vom Druckrand

l .... Spannweite oder Stützweite

$n = \dfrac{E_e}{E_b}$ ..... Verhältnis der Dehnmaße $E_e : E_b$

u .... Umfang der Eisen

x .... Abstand der Nullinie vom Druckrand

y .... Abstand des Druckmittelpunktes von der Nullinie

z .... Abstand des Druckmittelpunktes vom Zugmittelpunkt (Hebelarm der Innenkräfte)

E_b .... Dehnmaß des Betons

E_e .... Dehnmaß des Eisens

F_b .... Betonquerschnitt ohne Abzug der Eiseneinlagen, geometrischer Querschnitt

F_e .... Gesamtquerschnitt der Eisen eines Druckgliedes, insbesondere der Längseisen mittig belasteter Säulen

        Querschnitt der Zugeisen bei Biegung oder ausmittigem Druck

$F_e{}'$ .... Querschnitt der Druckeisen bei Biegung oder ausmittigem Druck

F_k .... Querschnitt des umschnürten Betonkerns bei umschnürten Säulen

F_s .... Querschnitt der in Längseisen umgewandelten Umschnürung
J .... Trägheitsmoment
N .... Stablängskraft
M .... Äußeres Biegemoment
Q .... Querkraft
W .... Widerstandsmoment
σ_b .... Druckspannung des Betons bei Biegung und in Säulen
σ_e .... Zugspannung des Eisens bei Biegung $\left.\right\}$ im Zustand II (Ausschluß der
σ_e' .... Druckspannung des Eisens bei Biegung $\left.\right\}$ Betonzugspannungen)
σ_{bz} .... Zugspannung des Betons $\left.\right\}$ im Zustand I (Mitwirkung der
σ_{bd} .... Druckspannung des Betons
σ_{ez} .... Zugspannung des Eisens
σ_{ed} .... Druckspannung des Eisens $\left.\right\}$ Betonzugspannungen)
τ_0 .... Schubspannung des Betons im Zustand II
τ_1 .... Haftspannung des Eisens im Beton.

Sonstige stark verbreitete Bezeichnungen

Da die Buchstaben der deutschen und lateinischen Schrift schon meist in anderen Gebieten der Statik mit Beschlag belegt sind, so haben sich für eine Reihe von Größen in der Betonstatik die kleinen griechischen Schriftzeichen außer für die Spannungsbezeichnung noch weiter eingebürgert. So bezeichnet sehr oft:

Kleine Schriftzeichen	Name	Bedeutung
α	Alpha	Formänderungswinkel
β	Beta	Spannungsverhältnis $\dfrac{\sigma_e}{\sigma_b}$
γ	Gamma	Einheitsgewicht
δ	Delta	Verhältnis $\dfrac{d}{h}$
ε	Epsilon	Spezifische Dehnung $\dfrac{\Delta l}{l}$
ζ	Zeta	Verhältnis $\dfrac{z}{h}$
η	Eta	Einspannungsgrad
ϑ	Theta	Verschiedene Bedeutungen
ι	Jota	Selten verwendet
$\varkappa$	Kappa	Koeffizienten, Verhältniszahlen
λ	Lambda	Verhältnis von Längen

Kleine Schriftzeichen	Name	Bedeutung
μ	Mü	Verhältnis $\dfrac{F_e}{bh}$ oder $\dfrac{F_e}{bd}$
ν	Nü	Momentenbeiwert bei umfanggelagerten Platten
ξ	Ksi	Verhältnis $\dfrac{x}{h}$
o	Omikron	Selten verwendet
π	Pi	3.1415927
ϱ	Rho	Verhältnis von Radien, Krümmungshalbmesser
σ	Sigma	Zug- und Druckspannungen
τ	Tau	Schub- und Haftspannungen
υ	Ypsilon	Selten verwendet
φ	Phi	Selten verwendet
χ	Chi	Selten verwendet
ψ	Psi	Selten verwendet
ω	Omega	Knickzahl

Zweiter Abschnitt

Allgemeine Konstruktionsgrundsätze

A. Die Form der Bewehrung und deren Betondeckung

In einer richtig ausgeführten Eisenbetonkonstruktion müssen der Beton und die Bewehrung zu gemeinsamer Kraftübertragung fest verbunden sein und dürfen bei einer Beanspruchung eines Bauteiles aus Eisenbeton:

a) die einzelnen Baustoffe, Beton und Stahl nicht überbeansprucht werden,

b) die Verbindung oder der Verbund zwischen Stahl und Beton nicht gelockert werden, d. h. die Stahleinlagen dürfen sich im Beton nicht verschieben, wenn die Konstruktion belastet wird.

In den allermeisten Fällen dient die Bewehrung dazu, die durch die Belastung in den Betonträgern oder Betonsäulen hervorgerufenen Zugkräfte aufzunehmen, seltener, um Druckkräfte zu übertragen. Der Beton ist nämlich nichts anderes als künstlich hergestelltes Steinkonglomerat und vermag daher keine größeren Zugkräfte zu übertragen. Er erleidet unter Belastung in den Zugzonen, auch bei eingelegter Bewehrung, zahlreiche Haarrisse und büßte seine Tragkraft ein, würden nicht daselbst die Trageisen eingebettet. Diese Zugzonen befinden sich beim freigelagerten Träger an der Unterseite, beim normalen durchlaufenden Träger im Mittelteil eines Feldes ebenfalls an der Unterseite, dagegen über den Stützen an der Oberseite. Außerdem sind auf Zug beansprucht: Schrägbewehrung, Bügel und Umschnürung. Solche Zugstäbe müssen im Beton fest verankert sein, damit sie nicht gelockert oder sogar herausgerissen werden können. Dieses erreicht man am einfachsten, wenn man die Enden der Stahlstangen zu Haken umbiegt und dieselben an solchen Stellen im Beton gut einbettet, an denen derselbe auf keinen Fall auf Zug und auch nicht übermäßig auf Druck oder Schub beansprucht wird. Daher bestimmt die Önorm im II. Teil:

§ 14. Bauliche Grundsätze

a) Allgemeines

Endhaken

1. **Haken der Eiseneinlagen.** Die Zugeisen sind an den Enden mit halbkreisförmigen oder spitzwinkeligen Haken zu versehen, deren lichter Durchmesser mindestens gleich dem 5fachen[1] Eisendurchmesser ist.

Die normgemäße Ausführung der Haken zeigen die Abbildungen 1 und 2.

Diese Haken dürfen aber auf keinen Fall mit zu großem Überstande gebogen werden (Abb. 4), da sich der von oben eingefüllte Beton bei Plattelschotter nicht in den Zwischenraum hineindrängen würde und die, hauptsächlich an der Innenseite der Rundung auf den Beton drückende Kraft, nicht übertragen werden könnte. Dieser Umstand ist besonders bei den Rippen zu beachten, wo es üblich ist, gröberen Zuschlag zu verwenden.

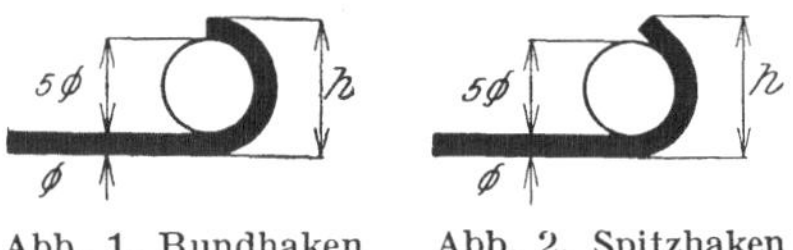

Abb. 1. Rundhaken   Abb. 2. Spitzhaken

Abb. 3. Abbiegung

Ferner sollen die Haken nicht alle im gleichen Querschnitt endigen, sondern gegeneinander versetzt sein, und zwar zirka um den 20fachen Durchmesser der Stahleinlagen bei Rundstäben. Ebenso sind zwei im gleichen Querschnitt liegende Haken um zirka den 6fachen Durchmesser voneinander entfernt anzuordnen.

---

[1] D. B.: 2,5fachen.

Die Angabe des inneren Durchmessers des Hakens ist für die Zwecke der Praxis etwas umständlich. Deshalb ist in der folgenden Tabelle I die äußere Höhe der Rundhaken, die am meisten verwendet werden, angegeben. Zum Beispiel muß ein richtig gebogener Haken bei der geringsten zulässigen Plattenstärke von 7 cm die in Abb. 5 gezeichnete Form bei einer Rundstahlstärke von 6 mm haben, darf also nur 1,8 cm von der Plattenoberkante abstehen. Die genaue Einhaltung obiger Bestimmung würde z. B. die Verwendung von 10 mm starken Stahleinlagen in der 7 cm starken Platte unmöglich machen. Allzu ängstlich braucht man diese aber nicht einzuhalten, da die deutschen Bestimmungen als inneren Durchmesser des halbkreisförmigen Hakens nur den 2,5fachen Stabdurchmesser vorschreiben.

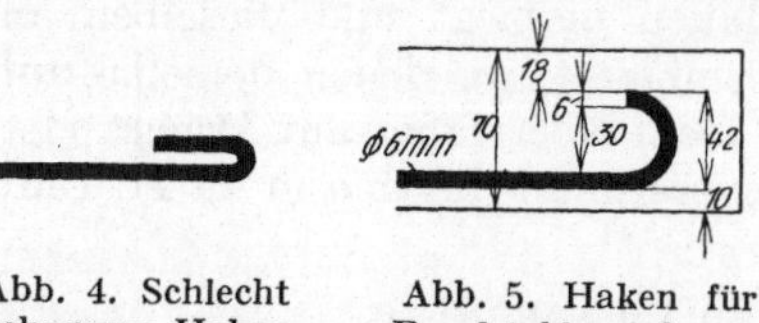

Abb. 4. Schlecht gebogener Haken

Abb. 5. Haken für Rundstahl von 6 mm Durchmesser

Tabelle I. Äußere Höhe der Endhaken in cm

⌀ in mm	6	8	10	12	15	20	25	30
Höhe in cm.	4	6	7	8	11	14	18	21

Abbiegungen

2. Der lichte Krümmungshalbmesser von abgebogenen Eisen muß mindestens das 10fache[1] des Eisendurchmessers betragen. Im kalten Zustande dürfen Haken und Abbiegungen nur bis 28 mm Eisenstärke hergestellt werden.

Die Kraftwirkung der abgebogenen Zugstähle auf den anliegenden Beton ist in Abb. 6 erläutert. Je schärfer die Krümmung der Abbiegung ist, auf eine desto kleinere Fläche verteilt sich die Druckspannung, welche durch die Kraft D hervorgerufen wird.

Tabelle II. Länge l einer 45⁰ Abbiegung (Abb. 3)

⌀ in mm	10	15	20	25	30
Länge l in cm ..	8	13	17	21	25

---

[1] D. B.: 10 bis 15fache

Diese Bestimmung gilt jedoch nicht für Stähle, die sich auf starke querlaufende Bewehrungsstäbe stützen, wie z. B.: Bügel

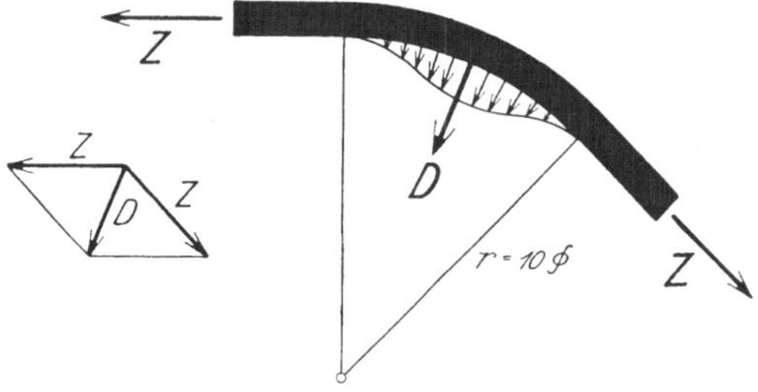

Abb. 6. Spannungsverteilung in der Abbiegung

in Balken und Säulen, da die Druckkraft D auf eine größere Länge durch den querlaufenden Tragstab verteilt wird.

Stoßverbindungen

3. Stoßverbindungen. Zugeisen sind möglichst nicht zu stoßen. In einem Querschnitt von Balken und Zuggliedern soll nur ein Stoß liegen.

Stöße können durch Spannschlösser ausgebildet werden, die aus Muffen mit Gegengewinden bestehen. Schweißungen sind nach einem Verfahren auszuführen, das einen vollen Ersatz des gestoßenen Querschnittes gewährleistet. An den Schweißstellen ist durch allseitig eingebettete, mit Endhaken versehene Zulageisen für eine erhöhte Sicherheit zu sorgen.

Sollen die Eiseneinlagen durch Überdecken gestoßen werden, so sind die Enden nebeneinander zu legen und mit Rundhaken zu versehen; die Überdeckungslänge muß mindestens das 40fache des Eisendurchmessers betragen.

Das Ausbilden der Stöße durch Überdecken ist bei Trageisen in Zuggliedern und bei über 20 mm starken Zugeisen in Balken nicht zulässig.

Tragstähle in Zuggliedern (das sind z. B. Hängsäulen, Zugbänder u. dgl.) und Zugstähle von über 20 mm Durchmesser in Trägern sind nur durch Spannschlösser, Schweißungen oder sonstige sichere Verfahren zu stoßen, auf keinen Fall durch bloßes Überdecken und Zusammenbinden mit Draht. Ferner sind bei mehreren Tragstählen die Stöße zu versetzen. Bei Schweißungen sind Zulagestähle, die mit Endhaken versehen sind, beizulegen. Mit Rücksicht auf Materialfehler, müssen immer mindestens zwei Tragstähle zur Übertragung von Zugkräften angeordnet werden.

In Querschnitten, wo im Beton noch keine Haarrisse auftreten und bei einem Stahldurchmesser von unter 20 mm kann in Trägern ein Stoß durch Überdecken nach Abb. 7 ausgeführt werden. Besser dürfte allerdings die in Abb. 8 dargestellte Ausführung sein. Dort werden die Tragstähle durch schräges Auf-

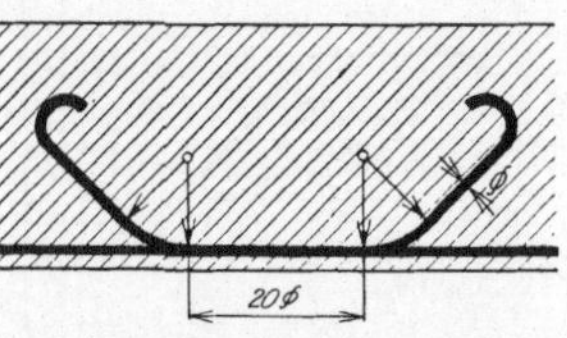

Abb. 7. Trageisenstoß durch Überdecken

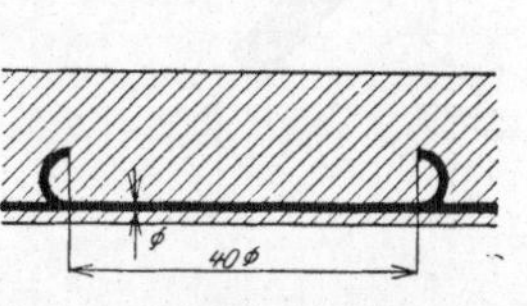

Abb. 8. Trageisenstoß durch Überdecken und Verankern

biegen im weniger beanspruchten Gebiet des Betonquerschnittes verankert. Wenn nicht stoßende Lasten den Träger beanspruchen, ist gegen eine solche Ausbildung nichts einzuwenden und dürfte diese die Spannschlösser oder Schweißungen einwandfrei ersetzen. Auf keinen Fall ist durch Einhaken der beiden Stahlenden eine Verlängerung anzustreben, da die Grobkörner des Zuschlages diese verzwickten Hohlräume nicht ausfüllen können.

Im Hochbau wird es sich bei einiger Geschicklichkeit des Konstrukteurs vermeiden lassen, daß Stöße in die Zugzonen zu liegen kommen.

Geknickte und gebogene Zugeisen

4. Geknickte und gebogene Zugeisen, durch deren Beanspruchung ein Absprengen der Betonhülle eintreten kann, sind zu vermeiden; sie sind durch sich kreuzende gerade Eisen zu ersetzen.

Genau so wie abgebogene Rundstähle nach Abb. 6 einen Druck auf den Betonkern ausüben, drücken sie auch auf die Beton-

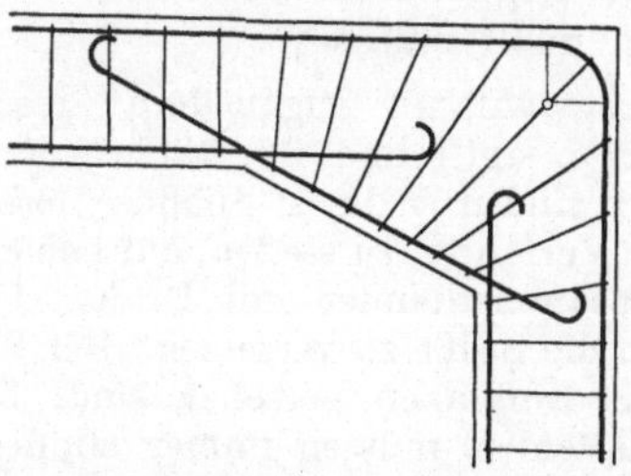

Abb. 9. Rahmenecke ohne Anlauf

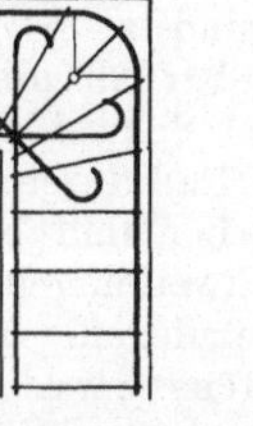

Abb. 10. Rahmenecke mit Anlauf

schale, wenn sie im einspringenden Eck liegen und sprengen die Deckschichte schließlich ab. Dies kann etwa durch Ausführungen nach Abb. 9 bis 11 verhindert werden: Man führt jedes Eisen geradlinig in die Druckzone, verankert es daselbst und umschnürt die ganze Ecke mit starken Bügeln.

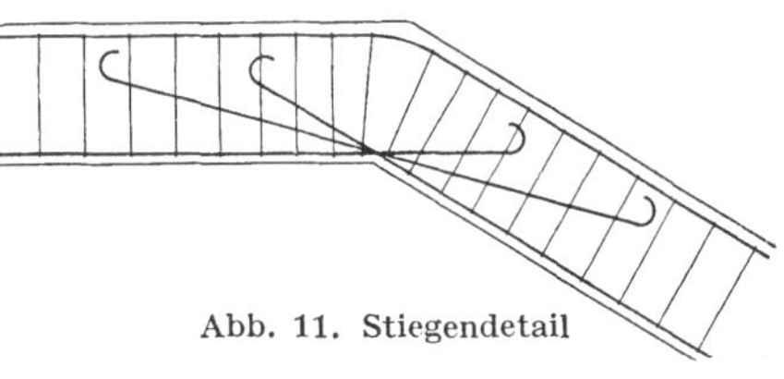

Abb. 11. Stiegendetail

Betondeckung

5. Die Betondeckung der Eiseneinlagen soll bei Platten mindestens 1 cm, bei Bauten im Freien 1,5 cm stark sein. Die Überdeckung der Bügel in Rippen und Säulen muß überall mindestens 1,5 cm, bei Bauten im Freien 2 cm betragen. Bei großen Abmessungen ist mit der Überdeckung über 2 cm hinauszugehen. Bei Betonbauten außergewöhnlicher Art und bei Verwendung von Formeisen sind besondere Maßnahmen zu treffen. Durchlaufende schlaffe Eiseneinlagen dürfen, wenn ihre statische Wirkung berücksichtigt werden soll, bei Tragwerken — mit Ausnahme von Stützen — in Abständen von höchstens 20 cm[1] angeordnet sein. Bauteile, die der Einwirkung von Säuren, Säuredämpfen, zementschädigenden Wässern, Salzlösungen, Ölen u. dgl. oder hohen Hitzegraden ausgesetzt sind, erfordern besondere Schutzmaßnahmen. Wenn nicht Verkleidungen vorgesehen werden, so ist außer der Verwendung eines dichten Betons, eines sorgfältig ausgeführten Zementverputzes, geeigneter Schutzanstriche u. dgl. eine Betondeckschicht bis zu 4 cm anzuordnen.

In Räumen mit gewerblichen Betrieben und mit starkem Verkehr muß die Oberseite der Decken unter Verwendung eines besonders widerstandsfähigen Betons mindestens 1 cm dicker als statisch nötig hergestellt werden oder einen dauerhaften Belag erhalten.

Die Tragwerke sind erforderlichenfalls vor dem Eindringen der Niederschlagswässer zu schützen.

Die Betondeckung der Bewehrung bezweckt einen ausreichenden Schutz gegen Rosten, gegen Beschädigungen und gegen Wärme und Hitze. Die genaue Einhaltung der vorgeschriebenen Maße bezüglich des Mindestabstandes ist in der Praxis ohne wesentliche

---

[1] D. B. Ziffer 7: Die Trageisen in Decken-, Dach- und Fahrbahnplatten dürfen in der Gegend der größten Momente im Felde höchstens 15 cm voneinander entfernt sein.

Verteuerung nicht durchführbar. Das gewöhnliche Unterstreuen und Hochheben an den Bügeln oder Verteilungsstäben ist eine rein gefühlsmäßige Sache der Betonierer und recht ungenau. Zwischen zwei unterlegten Distanzplatten hängen schwächere Querschnitte durch, so daß das Unterlegen von solchen Plättchen oder sonstigen Schablonen wenig wirksam ist. Daß schließlich noch die Unebenheiten der Schalung berücksichtigt werden müssen, ist ohne weiteres einleuchtend. Man darf daher bei der praktischen Ausführung keinesfalls in den angegebenen Mindestmaßen streng einzuhaltende Abstände sehen und darauf herumreiten, sondern soll lieber je nach der Ausführung einen oder einen halben Zentimeter zuschlagen.

Als größter gegenseitiger Abstand der Bewehrungsstäbe ist bei Tragwerken, mit Ausnahme von Säulen, 20 cm festgesetzt (Abb. 12), weil ein Bewehrungsnetz aus vielen und dünnen Stäben eine bessere Kraftübertragung gewährleistet, als ein solches aus wenigen und dicken Stäben. Für die Biegearbeit und für das Betonieren selbst sind aber die starken Stäbe vorteilhafter, da man weniger Abbiegungen herzustellen hat und die eingelegte Bewehrung durch den Arbeitsvorgang weniger leicht verbeult wird.

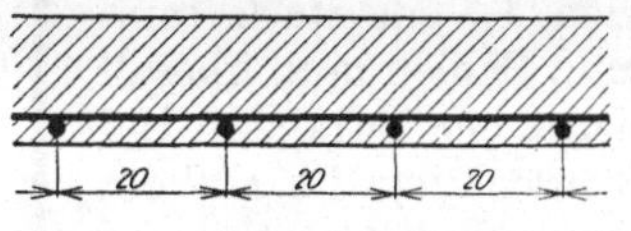

Abb. 12. Größter Trageisenabstand in Platten

Bei Einlage von Formeisen (hauptsächlich in Amerika gebräuchlich), kleinen Trägern, Feldbahnschienen u. dgl. ist eine Verankerung durch einfaches Umbiegen nicht möglich, sondern es müssen eigene Ankerkonstruktionen ausgeführt werden (Abb. 13 u. 14). Solche starke Profile bezeichnet man als steife Einlagen, im Gegensatz zu den Rundstäben und sonstigen schwachen Profilen, die schlaffe Einlagen heißen.

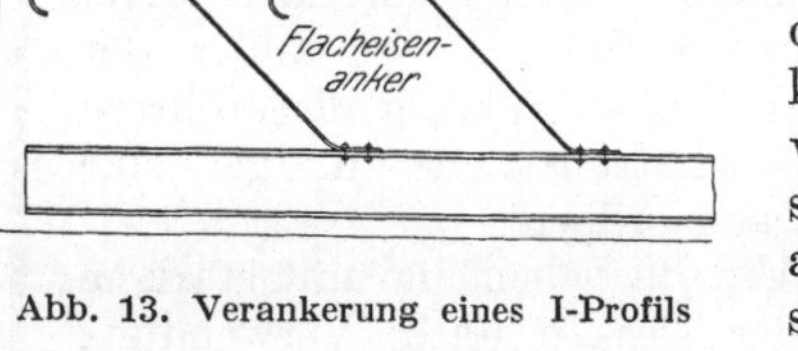

Abb. 13. Verankerung eines I-Profils

Bildet die Konstruktion gleichzeitig den Fußboden, so ist eine besonders widerstandsfähige Feinschichte, mindestens 1 cm stark aufzutragen

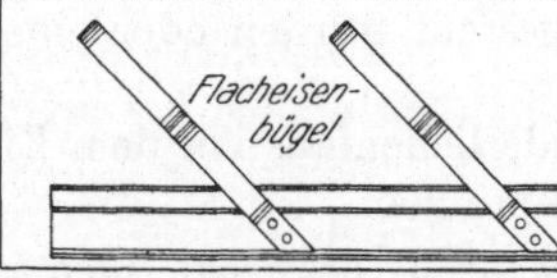
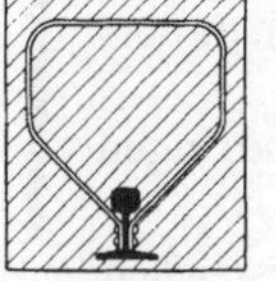

Abb. 14. Verankerung einer Bahnschiene

und dieselbe darf nicht in die Nutzhöhe einbezogen werden. (Siehe: Brzesky, Zement und Beton, S. 202.)

B. Vorschriften für einzelne Bauteile

Platten

6. Platten: Die Nutzhöhe h der Platten mit Hauptbewehrung nach einer Richtung soll mindestens betragen: Bei beiderseits freier Auflagerung $1/_{27}$ der Stützweite (§ 17, Ziffer 2), bei durchlaufenden oder eingespannten Platten $1/_{27}$ der größten Entfernung der Momentennullpunkte. Falls die Nullpunktentfernung nicht nachgewiesen wird, kann sie zu $4/_5$ der Stützweite angenommen werden. Die Nutzhöhe h kreuzweise bewehrter Platten muß mindestens betragen: Bei allseits freier Auflagerung $1/_{30}$ der kürzeren Stützweite (§ 17, Ziffer 8), bei durchlaufenden oder eingespannten Platten $1/_{30}$ der größten Entfernung der Momentennullpunkte, mindestens aber $1/_{40}$ der Stützweite.

Die Mindestdicke d der Platten ist 7 cm.[1] Ausgenommen hievon sind Dachplatten, Rippendecken (Ziffer 7) und Decken, die nur zum Abschluß dienen oder nur zwecks Reinigung u. dgl. begangen werden, sowie fabrikmäßig hergestellte fertig verlegte Platten.

An Verteilungseisen sind auf 1 m Tiefe mindestens 4 Rundeisen von je 5 mm Dicke vorzusehen.[2]

Die aufgebogenen Eisen durchlaufender Platten sollen genügend weit ins Nachbarfeld, bei annähernd gleicher Feldweite durchschnittlich bis auf $1/_4$ der Stützweite eingreifen,[3] sofern die aufwärtsbiegenden Momente nicht eine durchgehende obere Bewehrung erfordern.

Die Mindestdicke der gewöhnlichen Deckenplatte ist 7 cm. Die Anordnung der Verteilungsstäbe soll eine Verteilung von konzentrierten Lasten auf eine größere Breite gewährleisten (Abb. 15).

Aufgebogene Stähle durchlaufender Platten ergeben sich, wenn man die Lage der Stähle dem Verlauf der Momente anpaßt (Abb. 16). Man erzielt durch so-

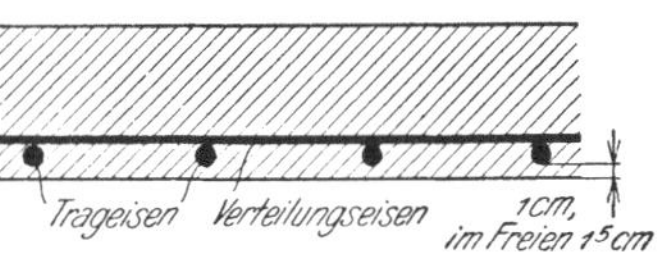

Abb. 15. Plattenquerschnitt

genannte Kappeneisen die gleiche Wirkung (Abb. 17). Bei dünnen Stäben und geringer Anzahl derselben ist diese Anordnung sogar sparsamer, hat jedoch den Nachteil, daß die Kappeneisen von den

---

[1] D. B.: 8 cm.
[2] D. B.: 3 Rundeisen von je 7 mm.
[3] D. B.: $1/_5$ der Stützweite.

Betonierern oft zu seicht eingebettet werden und besonders dann, wenn sie nicht ganz gerade sind, beim Stampfen aufstehen.

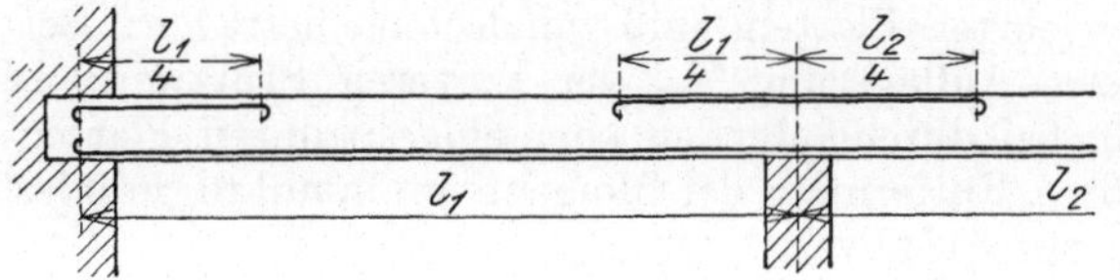

Abb. 16. Aufgebogene Stähle bei durchlaufenden Platten.

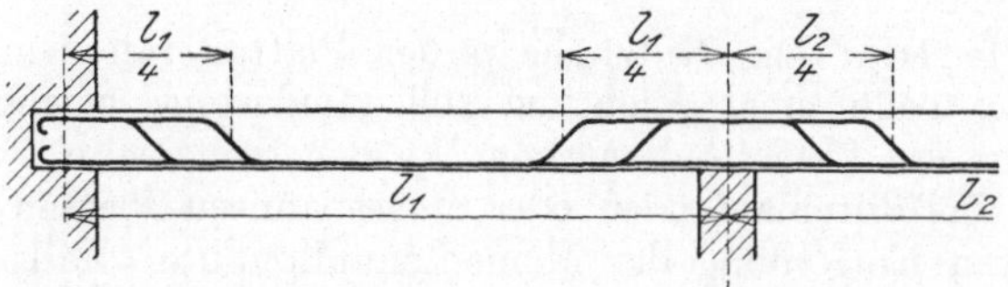

Abb. 17. Kappeneisen bei durchlaufenden Platten

Bei gleicher Belastung auf allen Feldern und gleichen Feldweiten ist eine durchgehende obere Bewehrung wohl nur in den seltensten Fällen wirklich notwendig. Nach Gleichung 6, S. 36, wird das negative Feldmoment gleich Null, wenn das Eigengewicht gleich der halben Nutzlast ist. Aber selbst wenn das Eigengewicht nur $1/_4$ der Nutzlast ist, so wird das nach oben biegende, negative Feldmoment erst gleich:

$$-M_m = \frac{p \times l^2}{96}$$

Daraus folgt mit $d = \dfrac{l}{40}$ und $p = 4 \cdot d$ in cm . 24 kg/m² die Betonzugspannung:

$$\sigma_{bz} \text{ in kg/cm}^2 = 2,40 \cdot l \text{ in m} \tag{1}$$

Da der Beton eine Zugspannung von 4 bis 5 kg/cm² mit aller Sicherheit aufnimmt, so folgt aus dieser Beziehung, daß bis zu einer Plattenstützweite von 2,00 m auch für den Fall als: Ständige Last $= {}^1/_4$ der Verkehrslast, keine durchgehende obere Bewehrung erforderlich wird. Bei starker Belastung zweier Felder, die nur durch ein Feld voneinander getrennt sind, kann allerdings eine durchgehende obere Bewehrung dieses Zwischenfeldes erforderlich werden, besonders dann, wenn es eine geringere Spannweite besitzt als seine Nachbarfelder.

Bezeichnet in folgendem Absatz h die zulässige geringste Nutzhöhe und d die zulässige geringste Plattendicke, l die Stützweite und l_i die Lichtweite, so ist

a) für Platten mit Hauptbewehrung in einer Richtung,

bei beiderseits freier Auflagerung $h = \dfrac{l}{27}$, $d \doteq \dfrac{l_i}{23}$;

bei durchlaufenden oder eingespannten Platten, wenn die Nullpunktsentfernung nicht eigens nachgewiesen wird, falls Anläufe vorhanden sind:

in den Endfeldern $h = \dfrac{l}{33}$, $d \doteq \dfrac{l_i}{29}$,

in den Innenfeldern $h = \dfrac{l}{41}$, $d \doteq \dfrac{l_i}{36}$;

falls keine Anläufe vorhanden sind:

in den Endfeldern $h = \dfrac{l}{32}$, $d \doteq \dfrac{l_i}{28}$,

in den Innenfeldern $h = \dfrac{l}{37}$, $d \doteq \dfrac{l_i}{32}$;

b) für Platten mit kreuzweiser Bewehrung, wenn l in den folgenden Formeln die kürzere Stützweite und h die Nutzhöhe bezeichnet,

bei allseits freier Auflagerung $h = \dfrac{l}{30}$, $d \doteq \dfrac{l_i}{26}$;

bei durchlaufenden oder eingespannten Platten, wenn die Nullpunktsentfernung nicht eigens nachgewiesen wird, falls Anläufe vorhanden sind:

in den Endfeldern $h = \dfrac{l}{36}$, $d \doteq \dfrac{l_i}{32}$,

in den Innenfeldern $h = \dfrac{l}{40}$, $d \doteq \dfrac{l_i}{36}$,

falls keine Anläufe vorhanden sind:

in den Endfeldern $h = \dfrac{l}{35}$, $d \doteq \dfrac{l_i}{31}$,

in den Innenfeldern $h = \dfrac{l}{40}$, $d \doteq \dfrac{l_i}{36}$.

Rippendecken

7. Rippendecken[1] sind Decken mit höchstens 90 cm lichten Rippenabstand, die in der Regel eine ebene Unter-

---

[1] D. B.: Eisenbetonrippendecken. Unter Eisenbetonrippendecken werden (aufgelöste) Decken mit höchstens 70 cm lichtem Rippenabstand verstanden, die zur Erzielung der ebenen Unter-

sicht erhalten. Die Rippen können auch aus Werkstücken bestehen.

Die durchschnittliche Dicke der Druckplatten soll mindestens $^1/_{10}$ des lichten Rippenabstandes betragen und darf
nicht kleiner als 5 cm sein. In der Druckplatte, quer zu den
Rippen, sind auf 1 m Tiefe mindestens 4 Rundeisen von je
5 mm Dicke anzuordnen.

Bei größeren Spannweiten ergeben sich bei voller Platte große
Plattendicken. Damit wächst das Eigengewicht, die Konstruktion wird unwirtschaftlich. Der Beton leistet aber an der Zugseite einer Platte ohnehin nur eine geringe Kraftübertragung,
da er durch auftretende Haarrisse seine Zugfestigkeit verliert. Es
ist daher statisch ohne weiteres möglich, an der Zugseite der Platte
den Beton auszusparen und die Bewehrung in übrig bleibenden
Rippen zusammenzulegen. Wenn sich diese Aussparungen im Rahmen
vorliegender Ziffer bewegen, so entsteht die Rippendecke. Die
praktische Ausführung dieses Gedankens hat zu einer Reihe von
geschützten Konstruktionen geführt. Blechschalungen, eingelegte
leichte Füllkörper aus Rohrzellen, Holzkästen, gebrannten Steinen
usw., so wie Zusammensetzung aus Werkstücken, sollen die Herstellung der Rippenplatte erleichtern und verbilligen.

Solange die Platte nur in der Zugzone ausgespart wird und
die Rippendecke daher nur wie eine Platte wirkt, ist auch ihre
Mindestnutzhöhe nach Ziffer 6 zu bemessen. Greift die Aussparung
aber in die Druckzone ein, so ist die Mindestnutzhöhe, abweichend
von den deutschen Bestimmungen, mit $h = \dfrac{l}{20}$ nach Ziffer 9 anzunehmen.

---

sicht statisch unwirksame Hohlstein- oder andere Füllkörpereinlagen
enthalten können.

Die Stärke der Druckplatte muß mindestens ein Zehntel des
lichten Rippenabstandes und darf nicht kleiner als 5 cm sein.

In der Druckplatte quer zu den Rippen sind auf 1 m Tiefe
mindestens drei Rundeisen von 7 mm Stärke anzuordnen. In den
Rippen müssen Bügel liegen, wenn der lichte Rippenabstand größer
wird als 40 cm.

Die Decken müssen zur Lastverteilung Querrippen von der
Stärke und Bewehrung der Tragrippen erhalten, und zwar bei Decken-
stützweiten von 4 bis 6 m eine Querrippe, bei Stützweiten über
6 m mindestens zwei. Bestehen die Füllkörper aus gebrannten
Hohlsteinen oder gleich festen anderen Baustoffen, so sind Bügel
und lastverteilende Querrippen entbehrlich.

Die Mindestnutzhöhe der Rippendecken ist die gleiche wie
bei vollen Eisenbetonplatten (vgl. § 17, Ziffer 6).

Pilzdecken

8. Pilzdecken sind kreuzweise bewehrte Platten, die ohne Vermittlung von Balken unmittelbar auf Eisenbetonsäulen ruhen und mit diesen biegefest verbunden sind.

Um die biegefeste Verbindung von Platte und Säule zu ermöglichen, soll die Säule nicht schwächer sein als $^1/_{20}$ der in gleicher Richtung gemessenen Stützweite l (Abstand der Säulenachsen), mindestens aber 30 cm und nicht kleiner als $^1/_{15}$ der Stockwerkhöhe. Bei Decken ohne Verstärkung muß die Achsenlänge des Säulenkopfes an der Unterkante der Deckenplatte mindestens $^2/_9$ l betragen. Für Decken mit Verstärkung gelten die Maße nach Abb. 18 (Önorm Abb. 1) und Abb. 19 (Önorm Abb. 2).

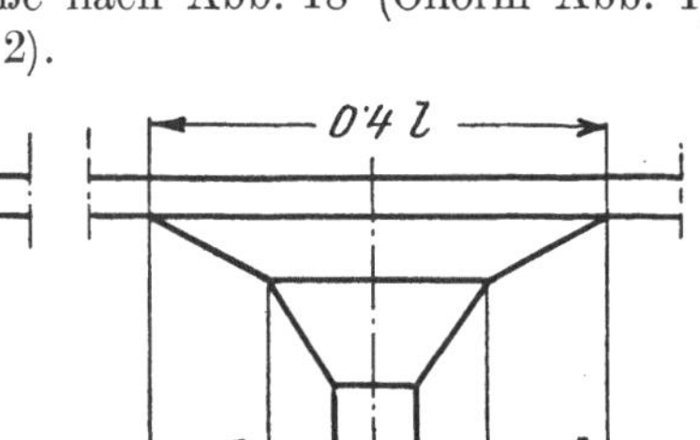

Abb. 18. (Önorm Abb. 1)

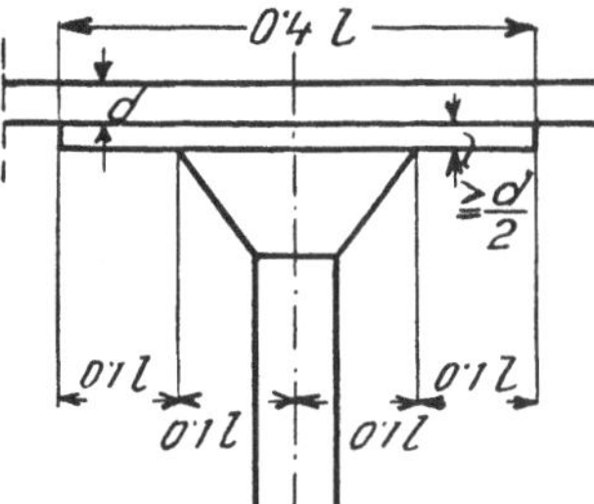

Abb. 19. (Önorm Abb. 2)

Die Plattendicke darf nicht kleiner als 15 cm sein und auch nicht kleiner als $^1/_{32}$ der größern der beiden Stützweiten für Decken, bzw. $^1/_{40}$ für Dächer. Die Eiseneinlagen müssen wie beim Durchlaufträger dem Verlauf der Biegemomente und Querkräfte angepaßt werden.

Die statische Wirkung des Säulenkopfes besteht in der Einspannung der Platte an dieser Stelle, da der Biegungswiderstand

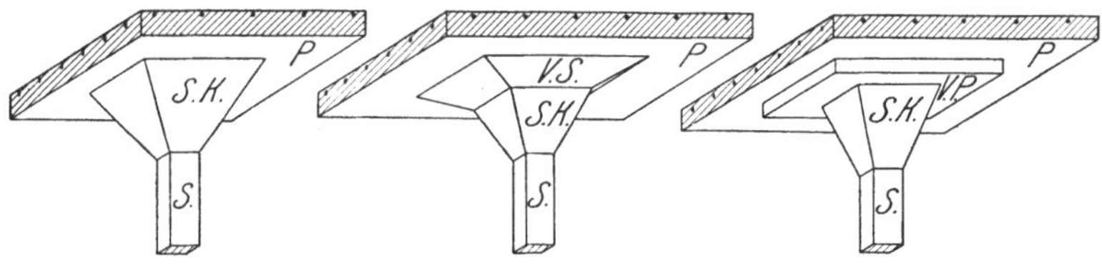

Abb. 20. Säulenköpfe bei Pilzdecken. a ohne Verstärkung; b mit Verstärkungsschräge V. S.; c mit Verstärkungsplatte V. P.

der starr angeschlossenen Säule einer Verdrehung der Platte entgegen wirkt. Deshalb erfordert die Ausbildung des Säulenkopfes besondere Sorgfalt. Man unterscheidet Pilzsäulenköpfe ohne Verstärkung (Abb. 20a), mit Verstärkungsschräge (Abb. 20b) und mit Verstärkungsplatte (Abb. 20c). Die Säulen- und Kopfquerschnitte sind rechteckig, rund, achteckig usw.

Balken und Plattenbalken

9. Balken und Plattenbalken. Die Nutzhöhe h muß mindestens $1/_{20}$ der Stützweite (§ 17, Ziffer 9) betragen. In Hochbauten dürfen Platten von weniger als 6 cm, in Brücken- und sonstigen Ingenieurbauten Platten unter 8 cm Dicke als Druckgurte von Plattenbalken nicht in Rechnung gestellt werden.[1]

Liegen die Deckeneisen gleichlaufend mit den Hauptbalken, so sind zwecks Mitwirkung der anschließenden Platte rechtwinkelig zu ihnen mindestens 8 obere Rundeisen von je 7 mm Dicke auf 1 m Balkenlänge anzuordnen.

In den Rippen soll der geringste lichte Eisenabstand nach jeder Richtung in der Regel mindestens gleich dem Eisendurchmesser und nicht kleiner als 2 cm sein.[2]

Im allgemeinen sollen nicht mehr als 2 Reihen Eisen übereinander angeordnet werden. Bei besonderen Verhältnissen sind Ausnahmen gestattet.

Mit Rücksicht auf die Querkräfte sind — auch bei freier Auflagerung der Balken — einige abgebogene Eisen bis über die Auflager hinwegzuführen.

In Balken und Plattenbalken sind stets Bügel anzuordnen, um den Zusammenhang zwischen Zug- und Druckgurt zu gewährleisten.

Zwischen Balken und Platte ist kein theoretischer, sondern nur ein praktischer Unterschied. Theoretisch ist die Platte nichts anderes wie ein breiter Balken oder der Balken nur eine schmale Platte. Praktisch gibt man dem Balken eine größere Höhe und verwendet ihn bei großen Spannweiten oder bei schweren Lasten, die längs einer schmalen langen Fläche (lineare Verteilung) oder nur über eine kleine Fläche (Einzellasten) verteilt sind. Die Platte wird möglichst schwach konstruiert und mit Lasten belastet, die über eine möglichst große Fläche ausgebreitet sind.

---

[1] Dieser Satz fehlt in den deutschen Bestimmungen.
[2] D. B.: Wenn sich geringere Abstände nicht vermeiden lassen, so muß durch einen feinen und fetten Mörtel für eine dichte Umhüllung der einzelnen Eisen besonders gesorgt werden.

Überschreitet die Aussparung einer dicken Platte die in Ziffer 7 angegebenen Ausmaße, so entsteht die Plattenbalkendecke. Unter einem einzelnen Plattenbalken versteht man einen Streifen der Decke, der aus einer Rippe und einem dazu gehörigen Teil der Platte besteht. Die Breite dieses zugehörigen Teiles ist in § 17, Ziffer 13, festgelegt.

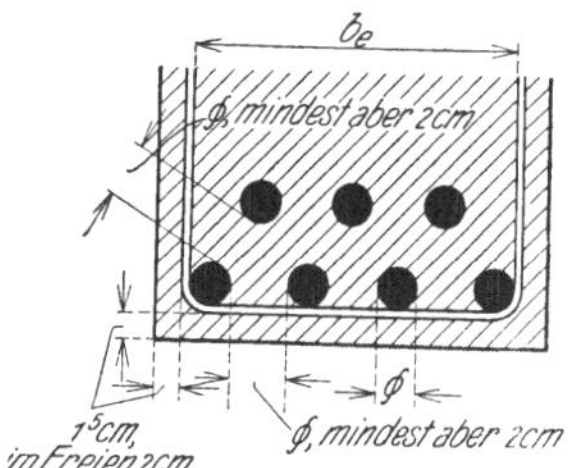

Abb. 21. Anordnung der Bewehrung in Trägern

Eiseneinlagen und Rippenbreite

Tabelle III. Erforderliche Mindestbreite b_e in Zentimetern, die n nebeneinander liegende Rippenstähle einnehmen

$\varnothing$	Anzahl der nebeneinander liegenden Rundeisen $n =$									Zwischen-raum
	2	3	4	5	6	7	8	9	10	
10	4,0	7,0	10,0	13,0	16,0	19,0	22,0	25,0	28,0	20
12	4,4	7,6	10,8	14,0	17,2	20,4	23,6	26,8	30,0	20
15	5,0	8,5	12,0	15,5	19,0	22,5	26,0	29,5	33,0	20
18	5,6	9,4	13,2	17,0	20,8	24,6	28,4	32,2	36,0	20
20	6,0	10,0	14,0	18,0	22,0	26,0	30,0	34,0	38,0	20
22	6,6	11,0	15,4	19,8	24,2	28,6	33,0	37,4	41,8	22
25	7,5	12,5	17,5	22,5	27,5	32,5	37,5	42,5	47,5	25
28	8,4	14,0	19,6	25,2	30,8	36,4	42,0	47,6	53,2	28
30	9,0	15,0	21,0	27,0	33,0	39,0	45,0	51,0	57,0	30

Die Rippenbreite $b_0 = b_e + 2 \times$ (Bügeldurchmesser $+$ Betondeckung.) Ist die Bügelstärke 6 mm und die Rippe nicht im Freien, so ist $b_0 = b_e + 4{,}2$ cm.

Praktische Regeln für die Schubsicherung

Die Aufnahme der Querkräfte steht im direkten Zusammenhang mit der Breite, bzw. Rippenbreite der Träger, sowie mit den Schrägeisen und Bügeln. Es gelten folgende praktische Regeln für gewöhnliche Deckenträger und Deckenunterzüge unter Gleichlast oder Einzellasten, deren kleinste mindestens 0,8 der größten ist, in Abständen voneinander, deren kleinster mindestens 0,8 des größten ist.

1. Die Mindestbreite, bzw. Mindestrippenbreite über dem Auflager ist bei Verwendung von Portlandzement gleich $\dfrac{Q}{18\,h}$

bei Verwendung von frühhochfestem Portlandzement gleich $\frac{Q}{25\,h}$, worin Q die Gesamtlast in kg und h die Nutzhöhe in cm ist.

2. Es sind stets Bügel über die ganze Trägerlänge anzuordnen, deren gegenseitiger Abstand die Trägerhöhe nicht überschreiten darf.

3. Beträgt die tatsächliche Trägerbreite, bzw. Rippenbreite mindestens das dreifache der unter 1. gegebenen Mindestbreite, so brauchen zur Deckung der Querkräfte die Bügel oder Schrägeisen nicht herangezogen werden.

4. Die Querkräfte sind auf einer Trägerhälfte gedeckt, wenn im Träger bei Freilagerung auf dem anliegenden Auflager mindestens zwei Drittel der Trageisen aufgebogen werden, gleichen Querschnitt derselben untereinander vorausgesetzt. Ist der Träger aber über dem Auflager eingespannt und sind daselbst n an der Oberseite liegende Zugeisen zur Momentendeckung erforderlich, während in der Mitte des Trägers m Trageisen eingelegt werden müssen, so sind die Querkräfte aufgenommen, wenn mindestens zwei Drittel $(m + n)$ Schrägstähle angeordnet werden, gleichen Querschnitt untereinander vorausgesetzt.

5. Können aus konstruktiven Rücksichten anstatt der notwendigen zwei Drittel $(m + n)$ Schrägstähle nur p Stähle schräg gebogen werden, so sind zur Querkraftdeckung noch Bügel heranzuziehen. Entfallen auf einen Schrägstahl mit dem Durchmesser $\varnothing$ zwei Stück Bügel (Abb. 22 und 23), so ist der Bügeldurchmesser $\varnothing_b$

$$\varnothing_b = \frac{\varnothing}{2} \sqrt{\frac{m + n - 1,4\,p}{2\,p}}$$

6. Der Abstand der Schrägstähle untereinander soll ohne Bügel nicht über $1,5\,h$, bei schwachen Bügeln nicht über $2\,h$ und bei starken Bügeln nicht über $2,5\,h$ betragen, wobei eine Bügelteilung von mindestens gleich h vorzusehen ist.

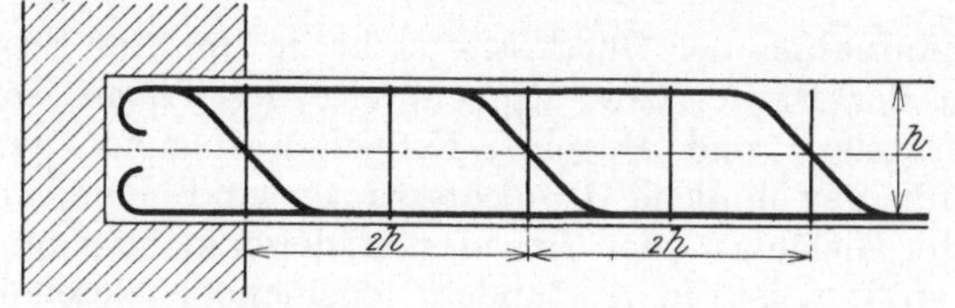

Abb. 22. Einfaches Strebensystem

7. Die Schrägeisen können nach dem einfachen Strebensystem (Abb. 22) oder doppelten Strebensystem (Abb. 23)

angeordnet werden. Auf möglichst symmetrische Anordnung ist Bedacht zu nehmen (Abb. 62 c). Die innersten Abbiegungen

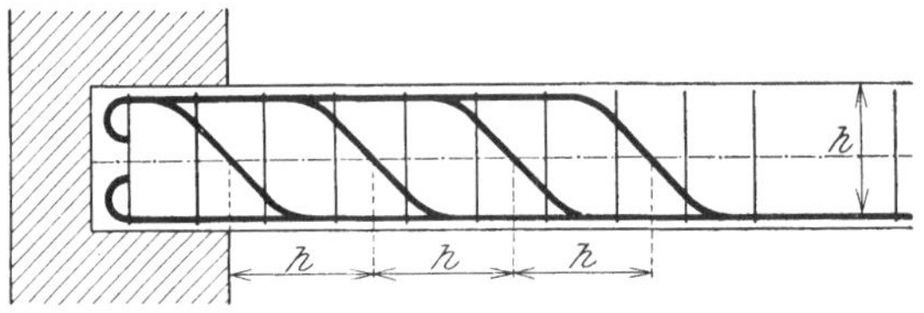

Abb. 23. Doppeltes Strebensystem

liegen in den Drittelpunkten von l, die äußersten in den Mauerfluchten.

8. Erfolgt die Deckung der Querkräfte nur durch Bügel, so ist der auf einer Trägerhälfte notwendige gesamte Bügelquerschnitt gleich dem Querschnitt der Trageisen in Trägermitte plus dem Querschnitt der Trageisen über dem Auflager.

Beispiele für die Austeilung der Stähle in Rippen

Auf einer 15 cm starken Scheidemauer läuft eine, durch diese maskierte Trägerrippe von 17 cm Breite. Es ist ein Eisenquerschnitt von 14,10 cm² unterzubringen. Die Bügel haben 6 mm $\varnothing$; die Betondeckung betrage 15 mm.

Für die Breite b_e (siehe Tafel I, Ziffer 3) bleibt übrig:

$$b_e = 17 - 2 \cdot (0,6 + 1,5) = 12,8 \text{ cm.}$$

Es sind folgende Ausführungen möglich:

2 R. E. $\varnothing$ 30 mm, $F_e = 14,14$ cm², $b_e = \ \ 9,0$ cm

3 R. E. $\varnothing$ 25 mm, $F_e = 14,73$ cm², $b_e = 12,5$ cm

4 R. E. $\varnothing$ 22 mm, $F_e = 15,21$ cm², $b_e = 15,4$ cm

Diese müssen bereits in zwei Reihen angeordnet werden.

3 Stück in der unteren Reihe, $b_e = 11,0$ cm
1　,,　,,　,, oberen　　　,,
5 R. E. $\varnothing$ 20 mm, $F_e = 15,79$ cm²
3 Stück in der unteren Reihe, $b_e = 12,0$ cm
2　,,　,,　,, oberen　　　,,
8 R. E. $\varnothing$ 15 mm, $F_e = 14,14$ cm²
4 Stück in der unteren Reihe, $b_e = 12,0$ cm
4　,,　,,　,, oberen　　　,,

Eine Vermehrung der eingelegten Stäbe über 8 Stück, ist nicht möglich, da mehr als zwei Reihen übereinander angeordnet werden müßten. Dieses ist aber nur bei besonderen Verhältnissen als Ausnahme gestattet.

Säulen

10. Säulen. In Säulen mit Längseisen und gewöhnlicher Bügelbewehrung darf bei voller Ausnutzung der zulässigen Beanspruchung der Querschnitt der Längsbewehrung F_e höchstens 3 v. H. des Betonquerschnittes ausmachen. Bei einem Verhältnis der Höhe zur kleinsten Dicke der Säule $\frac{h}{d} \geq 10$ soll die Mindestbewehrung 0,8 v. H., bei einem Verhältnis $\frac{h}{d} = 5$ soll sie 0,5 v. H. des Betonquerschnittes sein. Zwischenwerte sind geradlinig einzuschalten. Als Säulenhöhe ist bei Hochbauten stets die volle Stockwerkhöhe anzunehmen. Wird die Säule mit einem größeren Betonquerschnitt ausgeführt, als rechnerisch erforderlich ist, so kann das Bewehrungsverhältnis auf den erforderlichen Betonquerschnitt bezogen werden. Längseisen sind durch Bügel zu verbinden, deren Abstand nicht größer als die kleinste Säulendicke und die 12fache Stärke der Längsstäbe sein darf. Als umschnürte Säulen sind Druckglieder mit Umwehrung nach der Schraubenlinie und gleichwertigen Wicklungen oder mit Ringbewehrung versehene Säulen mit kreisförmigem Kernquerschnitt anzusehen, bei denen das Verhältnis der Ganghöhe der Schraubenlinie oder des Abstandes der Ringe zum Durchmesser des Kernquerschnittes kleiner als $^1/_5$ ist. Der Abstand der Schraubenwindungen oder der Ringe soll nicht größer als 8 cm sein. Die Längsbewehrung F_e muß mindestens $^1/_3$ der Umwehrung F_s (§ 18, Ziffer 7) sein und darf außerdem nicht weniger als 0,8 v. H. des Betonquerschnittes F_b ausmachen. Stützen, deren Höhe (Stockwerkhöhe) mehr als das 20fache der kleinsten Dicke oder deren Querschnitt weniger als 25 . 25 cm beträgt, sind nur ausnahmsweise zulässig.

Normal belastete Säulen oder Stützen dürfen nicht höher als das 20fache ihrer kleinsten Stützendicke sein und diese selbst muß mindestens 25 cm betragen. Fenstermittelsäulen, Geländerstützen usw. fallen nicht unter diese Bestimmung. Als Säulenhöhe ist stets das Maß vom Fußboden bis zum Fußboden des nächsten Geschosses anzunehmen; die Höhe eines etwa darüber laufenden Unterzuges darf also nicht von der Säulenhöhe abgezogen werden. Man hat ferner zwei konstruktiv und auch in der Tragwirkung vollkommen verschiedene Stützentypen zu unterscheiden:

a) Säulen mit gewöhnlicher Bügelbewegung. Bei diesen wird der Betonquerschnitt durch gewöhnliche, in einer bestimmten Gestalt um die Längsbewehrung laufende Bügel zusammengebunden. Die Form der Bügel kann sich dem Säulenumfang anpassen oder sonst in irgend einer Schlingenform gehalten sein. Ihr gegenseitiger Abstand in der Richtung der Säulenhöhe ist durch den 12fachen Durchmesser des schwächsten Längsstahles oder durch die kleinste Säulendicke begrenzt.

b) Umschnürte Säulen. An Stelle der Bügel tritt bei diesen Stützen eine kreisförmige Umwicklung des Betonquerschnittes aus zusammengeschweißten Ringen oder einem schraubenförmig gewundenen Stahlstab (Abb. 25). Bei eckigen Betonquerschnitten wird der größte Kreis, der in den, abzüglich der Deckung der Umwehrung verbleibenden Betonquerschnitt paßt, als Außenrand der Umwicklung angeordnet (Abb. 26). Der von der Mittellinie der Umwehrung umschlossene Kreisquerschnitt wird der Kernquerschnitt genannt. Diese Säulen haben eine bedeutend größere Tragfähigkeit, als solche mit gewöhnlicher Bügelbewehrung, weil der Betonkern durch die Umwicklung am Zerbrechen gehindert wird. In Amerika sind sie die gewöhnliche Stützentype. Einige Schwierigkeit besteht allerdings in der Herstellung der Umwehrung.

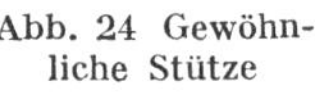

Abb. 24 Gewöhnliche Stütze

Abb. 25. Schraubenförmige Umschnürung des Betonkernes

Abb. 26. Umschnürte Säule

Durch die Festsetzung: $s = \dfrac{d}{5}$, höchstens aber 8 cm, scheiden sich die umschnürten Säulen je nach dem Kerndurchmesser in zwei Gruppen:

1. $d \leqq 40$ cm : $s = \dfrac{d}{5}$,

2. $d > 40$ cm : $s = 8$ cm.

Hat man einen bestimmten Querschnitt F_e und F_s gewählt, wobei die Bedingungen (21) des § 18, Z. 7 bereits erfüllt sein müssen, so ist der Durchmesser $\varnothing_s$ der Umschnürung, wenn

1. $d \leq 40$ cm, $\varnothing_s = 0{\cdot}285\sqrt{F_s}$,

2. $d > 40$ cm, $\varnothing_s = 1{\cdot}80\sqrt{\dfrac{F_s}{d}}$.

Schreibt man:

$$\varnothing_s = k \cdot \sqrt{F_s},$$

so kann k in Abhängigkeit von d aus der folgenden Tabelle entnommen werden.

Tabelle IV. Durchmesser der Säulenumschnürung. Werte k

d in cm	40	50	60	70	80
$k =$	0,285	0,254	0,232	0,216	0.200

Dritter Abschnitt

Belastungen im Hochbau

Hinsichtlich der Belastung von Eisenbetonbauwerken durch Eigengewicht und Nutzlast nimmt die Önorm B 2302 im § 15 den richtigen Standpunkt ein, daß Angaben, die auch für aus anderen Baustoffen hergestellte Bauwerke Geltung haben, in den Bestimmungen für die Ausführung von Eisenbetonbauten keine Aufnahme finden sollen.

Deshalb bestimmt die Önorm im

§ 15. Belastungsannahmen

Hiefür sind die jeweils geltenden Vorschriften maßgebend.

Die derzeit geltenden Vorschriften für Hochbauten sind:

Belastungen im Hochbau, Önorm B 2101.

Erläuterungen zu den Belastungsannahmen

Die Hochbaubelastungen sind: Eigengewicht, Verkehrslasten, Winddruck und Schneelast. Im Eisenbetonbau spielen die Eigengewichte eine ziemlich große Rolle, da dessen Bauwerke im Vergleich zu denen des Holz- und Eisenbaues als schwer zu bezeichnen sind. Diesem Nachteile steht aber der große Vorteil gegenüber, daß die größere Masse gegen Stöße und Schwingungen viel unempfindlicher ist, als die geringeren Massen der leichteren Bauweisen. Im Eisenbetonbauwerk verläuft der Spannungsausgleich bei Änderung der Belastung viel ruhiger und langsamer als in anderen Bauwerken. Die schwere Baumasse preßt auch das Material der Fundamentsohle schon während des Baues fest zusammen, so daß nachträgliche Setzungen sehr selten auftreten, um so mehr, als das Bauwerk infolge des im Überschuß zugesetzten Wassers im feuchten Zustande bedeutend schwerer ist, als nach dem Erhärten und Austrocknen.

Die Verkehrslasten teilt man ein in: langsam wirkende oder ruhige und in plötzlich wirkende (Stöße, Erschütterungen, Schwingungen). Früher unterschied man ruhende und bewegte oder fortschreitende Lasten. Nach der neuen Einteilung ist eine langsam bewegte Verkehrslast zu den ruhigen, eine rasch laufende Belastung zu den Stoßlasten zu rechnen. Die Stoßwirkung wird durch einen Zuschlag zur ruhend gedachten Last berücksichtigt. Dieser Stoßzuschlag beträgt 20 bis 50%, höchstens und ausnahmsweise 100%. Die Stoßwirkung aber erstreckt sich nicht gleichmäßig auf alle Bauteile. Sie wirkt sich auf die unmittelbar betroffenen am stärksten aus und verteilt sich dann über die angrenzenden Baumassen mit abnehmender Stärke. Bei der Einschätzung des Stoßzuschlages spielt das Eigengewicht der betroffenen Bauglieder eine große Rolle: leichte Bauteile werden durch Stöße viel stärker beansprucht als schwere. Den Stoßzuschlag kann man beispielsweise für Deckenplatten mit 50%, für Rippen mit 30%, für Unterzüge mit 10% und für Säulen mit 0% annehmen.

Die Bemessung der Verkehrslast geschieht nach dem Verwendungszweck des Raumes. Bei solidester Ausführung kann man für Säulen, Mauerpfeiler und Fundamentkörper in den unteren Geschossen eine Verminderung der wirkenden Verkehrslasten annehmen. Liegen drei Geschosse über dem betrachteten Geschoß, so können von der Summe der Verkehrslasten 10%, bei vier Geschossen 20%, bei fünf Geschossen 30% und bei mehr als fünf Geschoßen ein Drittel der Verkehrslasten in Abzug gebracht werden. Hiebei gilt der Dachboden nur dann als Geschoß, wenn er mit einer ausreichenden ständigen Verkehrslast belastet ist.

Wind- und Schneedruck haben für die gewöhnlichen Hochbauten eine mehr untergeordnete Bedeutung. Sie wirken hauptsächlich lokal auf die Dächer, der Winddruck außerdem noch bei schmalen und hohen Gebäuden auf deren Breitseiten.

Auszug aus Önorm B 2101

Die am öftesten vorkommenden Hochbaulasten sind nachstehend zusammengestellt.

1. Eigengewichte in t/m³.

1. Beton aus:

Kiessand und Schotter		2,2
Desgleichen mit Eiseneinlagen (Eisenbeton)		2,4
Schmelzschlacke	1,8—2,4 … i. M.	2,1
Ziegelbrocken		1,8
Bimskies mit Sand		1,6
Rostschlacke und Sand	1,2—1,9 … i. M.	1,5
Rostschlacke		1,2
Asche	0,8—1,4 … i. M.	1,1

2. Mörtel:

Zementdrahtputz	2,4
Zementmörtel	2,1
Kalkzementmörtel	1,9
Kalkmörtel	1,7
Rabitz und Drahtputz	1,3
Gipsmörtel	1,0

3. Füllstoffe:

Erde und Lehm, naß	1,7—2,5 … i. M.	2,0
Sand, Kies, Schotter, naß	1,5—2,3 … i. M.	1,8
Erde, Sand, Kies, Schotter, Lehm, tocken	'1,4—1,8 … i. M.	1,6
Mauerschutt		1,4
Schmelzschlacke	1,2—1,6 … i. M.	1,4
Schmelzschlackensand	0,5—1,4 … i. M.	1,0
Rostschlacke	0,7—1,1 … i. M.	1,0
Steinkohlenasche, Kohlenlösche	0,6—0,9 … i. M.	0,7

4. Bauhölzer, lufttrocken:

Buche, Eiche	0,9
Lärche, Kiefer (Föhre)	0,7
Fichte und Tanne	0,6

5. Pflaster, Estriche und Belage:

Steinpflaster aus Granit, Basalt	2,7
Steinpflaster aus Kalkstein, Sandstein	2,5
Klinkerplatten	2,2
Gußasphalt mit Rieselschotter, Teermakadam	2,1
Stampfasphalt, Terazzo, Tonfliesen	2,0
Steinholz, Xylolith	1,8
Gußasphalt, Linoleum	1,3
Holzstöckel	1,1
Korksteine	0,4

6. Lagerstoffe:

Zement in Schüttung	1,4
Papier	1,1

Preßkohle 1,0
Steinkohle 0,9
Braunkohle 0,8
Gaskoks 0,5
Holz in Scheiten 0,4

2. Verkehrslasten in kg/m².

1. Leichte Scheidewände (geputzte Holzwände, Gipsdielen, Schlackenwände, Drahtputzwände u. dgl. bis zu 7 cm Dicke einschließlich des beiderseitigen Putzes) als gleich verteilter Zuschlag zur Verkehrslast, sofern er bei dieser nicht schon berücksichtigt ist (Punkt 7 und 10) 75

2. Flache Dächer zum zeitweiligen Betreten durch einzelne Menschen, einschließlich Schnee und Wind 100

3. Dachbodenräume für hauswirtschaftliche Zwecke 125

4. Wohn- und Nebenräume in Kleinhäusern durch Hausrat, Menschen usw. nach behördlicher Genehmigung 150

5. Wohn- und Nebenräume in andern Wohnhäusern durch Hausrat, Menschen usw. 200

6. Flache Dächer zum Aufenthalt von Menschen, einschließlich Schnee und Wind 250

7. Kanzleien und Diensträume, Krankensäle, Schulzimmer, Hörsäle, weiter Laden-, Verkaufs- und Ausstellungsräume bis 50 m² Grundfläche, Dachbodenräume zu andern als hauswirtshaftlichen Zwecken, sämtliche Räume einschließlich des Gewichtes leichter Scheidewände (Punkt 1)..................... 300

8. Stiegen und Zugänge in Kleinhäusern................. 350

9. Stiegen und Zugänge jeder Art mit Ausnahme Punkt 8, Hausbalkone, Versammlungssäle, Schau- und Lichtspielhäuser, Tanzsäle, Turnhallen, Gastwirtschaften, ferner Laden-, Verkaufs- und Ausstellungsräume mit mehr als 50 m² Grundfläche, nicht befahrbare Höfe, Räume zur Einstellung unbeladener Kraftwagen 400

10. Geschäfts-, Waren- und Kaufhäuser, Fabriken, Werkstätten, sämtliche einschließlich des Gewichtes leichter Scheidewände (Punkt 1) 500

11. Befahrbare Höfe und Durchfahrten 800

Vierter Abschnitt

Einfluß von Wärme und Schwinden

Hat ein Eisenbetonbauwerk mit einer bestimmten inneren Temperatur abgebunden, so tritt bei jeder Abweichung von dieser Temperatur eine Streckung, bzw. eine Verkürzung der einzelnen Bauglieder ein. Diese Bewegung wird bei allen Tragwerken, die irgendwie mehrfach eingespannt oder unverschiebbar festgehalten sind, an den Einspannstellen gehindert. Hiedurch treten im ganzen Tragwerk außer den Längenänderungen noch Verbiegungen auf, ähnlich denen infolge einer Belastung.

Eine verwandte Erscheinung ist das sogenannte Schwinden oder Schrumpfen des Betons während des Erhärtungsprozesses an der Luft. Dieses hängt ursächlich mit den Vorgängen bei der Erhärtung zusammen und dauert so lange, als sich diese noch lebhafter abspielt. Die Größe der Schwindung hängt sehr von der Schwindeigenschaft des Zementes ab. Man verwende Zement mit möglichst geringem Schwindmaß. Ferner schwinden fette Mischungen stärker als magere. Sehr wichtig ist es auch, den Beton in den ersten Wochen der Erhärtung vor rascher Austrocknung durch Feuchthalten (Nachbehandlung) zu schützen.

Da die Behinderung der freien Bewegungsmöglichkeit eines Tragwerkes mit der Standunbestimmtheit parallel geht und hiedurch die Unsicherheit der Standberechnung erheblich erhöht wird, so bestimmt die Önorm im § 16: Wärme und Schwinden.

Dehnfugen

1. Dem Einfluß der Wärme und des Schwindens ist durch Anordnung von Dehnfugen[1] zu begegnen.[2]

Die hochgradige Standunbestimmtheit wird durch die Anordnung von Fugen und Gelenken eingeschränkt. Die Fugen werden weitaus öfter angewendet, da die Gelenke im Eisenbetonbau nicht ganz einfach auszuführen sind. Man ordnet bei gewöhnlichen Hochbauten die Dehnfugen in Entfernungen von 20 bis 40 m, bei Stützmauern und Betonstraßendecken, sowie bei Betondächern von 8 bis 20 m an.

Ähnlich den Dehnfugen gegen Wärme- und Schwindwirkung sind die Trennungsfugen, die bei ungleichmäßigem Baugrund oder stark wechselnder Fundamentpressung angeordnet werden müssen und das Bauwerk in mehrere, voneinander bis in die Fundamente vollkommen getrennte Teile zerlegen. Solche Trennungsfugen bilden zweckmäßig gleichzeitig die Dehnfugen. Als Breite der Dehnfugen genügt 5 mm.

Weitere Mittel zur Unschädlichmachung der Wärme- und Schwindspannungen außer der bereits erwähnten möglichst mageren Mischung und der Nachbehandlung sind:

---

[1] D. B.: Trennungsfugen.

[2] D. B.: Mit Rücksicht auf das Schwinden sind die Bauteile nach dem Einbringen des Betons möglichst lang feucht zu halten und vor Einwirkung der Sonnenstrahlen zu schützen.

Verwendung von Zement mit hoher Druckfestigkeit, da derselbe gleichzeitig eine hohe Zugfestigkeit besitzt, wodurch die Rißgefahr vermindert wird.

Möglichst schwache und gleichmäßig verteilte Bewehrung. Beiderseitig bewehrte Träger haben geringere Schwindspannungen.

Beim Durchlaufträger: Reichlich in die Felder eingreifende Kappeneisen, nicht zu große Bauhöhe im Vergleich zur Stützweite zur Verminderung der Steifigkeit.

Beim Rahmen: Zur Verminderung der Beanspruchungen in den Trägern sind Pendelsäulen (Säulen mit Fuß- und Kopfgelenk) oder federnde Säulen mit möglichst geringem Trägheitsmoment in der Ausweichrichtung zweckmäßig. Zur Verminderung der Säulenbeanspruchungen sind dagegen Träger mit kleinem Trägheitsmoment und steife Säulen anzuordnen.

Größe der Wärme- und Schwindbewegungen

2.[3] Die Wärmeänderungen der Tragwerke sind mit $\pm 15^0$ C zu berücksichtigen.

Bei Tragwerken, deren geringste Betonstärke 70 cm oder mehr beträgt oder die auf eine durchschnittliche Höhe von mindestens 70 cm vollständig überschüttet oder infolge anderer Vorkehrungen Wärmeänderungen weniger ausgesetzt sind, können die Wärmegrenzen auf $\pm 10^0$ C ermäßigt werden.

In einem an und für sich massigen Betonkörper, durch eine Überschüttung (frostfreie Tiefe) oder durch eine Isolierung (Korkplatten, Heraklithplatten usw.) erscheinen die Wirkungen der Wärmeänderungen auf $^2/_3$ herabgesetzt.

3. Bei der Berechnung unbestimmter Tragwerke ist der Einfluß des Schwindens durch die Annahme eines Wärmeabfalles von 15^0 C zu berücksichtigen.

Das Schwinden ruft ähnliche Wirkungen hervor, wie eine Temperaturabnahme. Während aber bei dieser in der Bewehrung fast die gleiche Verkürzung bewirkt wird wie im Beton, hat beim Schwinden nur der Beton das Bestreben, sich zu verkürzen; das Eisen wider-

---

[3] D. B.: Bei Tragwerken, bei denen die Temperaturänderung beträchtliche Spannungen hervorruft, insbesondere bei Fabrikschornsteinen muß ihr Einfluß berücksichtigt werden. Als Grenzen der durch die Änderung der Lufttemperatur bedingten Temperaturschwankung in den Bauteilen sind je nach den klimatischen Verhältnissen in Deutschland $- 5^0$ bis $- 10^0$ und $+ 25^0$ bis $+ 30^0$ anzunehmen. In dem Festigkeitsnachweis ist in der Regel mit einer mittleren Temperatur bei der Ausführung von $+ 10^0$ und demnach mit einem Temperaturunterschied von 15 bis 20^0 zu rechnen.

setzt sich dieser Verkürzung und übt durch seinen Widerstand eine Zugkraft auf den Beton aus. Infolgedessen tritt hier auch beim freigelagerten Träger, der standbestimmt ist, eine Verkrümmung auf. Das Schwinden wirkt daher ähnlich wie ein über den Träger verteiltes Biegungsmoment. Diese Beanspruchung braucht aber nach dem Wortlaut der Norm nicht berücksichtigt zu werden. Bei Stützmauern, Betonstraßen, Betondächern usw. wird man aber im eigenen Interesse darauf Rücksicht nehmen.

Für die Berechnung unbestimmter Tragwerke braucht man nur die Verkürzung der Stabachse in Rechnung zu ziehen. Diese wirkt sich wie ein gewöhnlicher Temperaturabfall aus und ist bei standbestimmten Tragwerken ohne Einfluß.

4. Als Wärmedehnziffer für Beton ist $1 : 10^5$ anzunehmen.

Ein unbewehrtes Betonprisma von 1 m Länge dehnt sich bei einer Temperaturänderung von 1^0 C um $1 : 100\,000$ seiner Länge, d. i. per Meter um 0,00001 m = 0,01 mm. Bei einer Temperaturänderung von $+ 15^0$ C beträgt die Längenänderung $\pm 0,15$ mm per Meter; bei einem 10 m langen Bauwerk $\pm 1,5$ mm.

Würde ein solches Betonprisma an der Längenänderung durch starres Festhalten der Endflächen gehindert, so entstünde bei dieser Temperaturänderung eine Druck- oder Zugspannung von

$$\sigma = \pm \frac{15^0}{100\,000} \cdot 140\,000 = \pm 21 \text{ kg/cm}^2$$

Aus der Größe dieser Spannungen erkennt man sofort die Wichtigkeit der Dehnfugen, bzw. Gelenke.

5. Bei gewöhnlichen Hochbauten können die Spannungen aus Wärme und Schwinden in der Standberechnung unberücksichtigt bleiben.

Voraussetzung hiefür ist natürlich, daß im Entwurf die nötigen Dehnfugen, eventuell Gelenke, angeordnet sind.

Fünfter Abschnitt

Ermittlung der äußeren Kräfte

Schon bei diesem Teil der Standberechnung wird sich zeigen, ob die Wahl des tragenden Systems beim Entwurfe eine glückliche war. Hier obliegt dem Konstrukteur eine Art Kontrollarbeit des Entwurfes, nicht nur ein Durchrechnen nach den anerkannten Regeln der Baustatik. Besondere Sorgfalt ist ferner auf die richtige Erfassung des Kräftespieles in den Fundamenten und die bauliche Sicherung der hiebei gemachten Annahmen zu verwenden. Hier, beim mehr Gefühlsmäßigen, zeigt sich die wahre Kunst des Konstrukteurs.

An dieser Stelle seien auch einige Andeutungen über die Ursachen der an Eisenbetontragwerken auftretenden Schäden gegeben. Kleinere Fehler, z. B. solche aus sehr ungenauen Näherungsberechnungen, Überschreitungen der zulässigen Spannungen, ungenügende Schubsicherung werden meist durch den Sicherheitsgrad bemäntelt und werden erst dann gefährlich, wenn einige Fehler dieser Gattung zusammenwirken. Die geringste Anzahl der Schäden ergibt sich aus eigentlichen Rechenfehlern, während die häufigsten und unangenehmsten durch mangelhafte Konstruktionsentwürfe und durch eine dem Grundgedanken des Entwurfes oder dem verwendeten Baustoffe nicht entsprechende Ausführung stammen. Die Versäumnis, ein Bauwerk in geeigneter Weise durch Fugen und Gelenke zu zerschneiden, hat sich schon oft bitter gerächt. Der Einfluß der Schwindungsbewegungen, der Wärmedehnung und der ungleichmäßigen Nachgiebigkeit des Baugrundes läßt sich bei großen Objekten rechnerisch nicht genügend genau erfassen. Er kann nur durch eine geeignete Durchbildung des Entwurfes unschädlich gemacht werden.

Dehnmaße und Trägheitsmomente

§ 17. Äußere Kräfte

1. Bei Berechnung der unbestimmten Tragwerke und der Formänderungen ist mit einem für Druck und Zug im Beton gleich großen Dehnmaß $E_b = 210\,000 \text{ kg/cm}^2$ zu rechnen. Das Trägheitsmoment kann näherungsweise aus dem vollen Betonquerschnitt ohne Berücksichtigung der Bewehrung ermittelt werden, wobei im allgemeinen die wirksame Breite eines Plattenbalkens mit $6\,d + b_o + 2\,b_s$ (vgl. Abb. 8) anzunehmen ist. Bei der Spannungsermittlung und Querschnittbemessung gilt das Dehnmaß für Beton $E_b = 140\,000 \text{ kg/cm}^2$.

Die gebräuchlichen Eisenbetontragwerke sind wegen ihrer hochgradigen statischen Unbestimmtheit sehr schwierig zu berechnen. Statisch bestimmt sind z. B. der Freiträger, der Konsolträger und der Durchlaufträger, der nach Art des Gerberträgers gelenkig unterbrochen ist. In der Anzahl seiner Stützen ist der eingespannte Durchlaufträger, in der dreifachen Anzahl seiner Felder der Rahmenträger statisch unbestimmt. Die statische Unbestimmtheit eines Bauwerkes wird durch Einschaltung von Fugen und Gelenken vermindert.

Bei statisch unbestimmten Konstruktionen müssen die Trägheitsmomente der einzelnen Konstruktionsglieder vor der genauen statischen Berechnung geschätzt oder durch ein Näherungsverfahren bestimmt werden. Ergeben sich bei der genauen Berechnung zu große Unterschiede zwischen den angenommenen und den ermittelten Werten, so muß diese mit letzteren wiederholt werden, solange, bis genügende Übereinstimmung hergestellt ist.

Für die Berechnung der unbestimmten Tragwerke und der Formänderungen nimmt man aber nicht, so wie bei der Spannungsberechnung, den Zustand des Tragwerkes knapp vor Eintreten des Bruches, sondern den Zustand desselben unter den normalen Lasten. Bei diesem ist aber das Dehnmaß des Betons $E_b = 210\,000$ kg/cm², während es knapp vor Eintreten des Bruches auf ungefähr $140\,000$ kg/cm² sinkt. Das Dehnmaß des Eisens von $2\,100\,000$ kg/cm² ändert sich hiebei nicht. Setzt man:

$$n = \frac{\text{Dehnmaß des Stahles}}{\text{Dehnmaß des Betons}}$$

so ist bei:

Berechnung der unbestimmten Tragwerke: $n = 10$,
Spannungsberechnung und Querschnittsbemessung: $n = 15$.

Macht man von der Näherungsmethode Gebrauch, die Bewehrung zu vernachlässigen und rechnet nur mit dem vollen Betonquerschnitt, so ist das Dehnmaß des Betons nur bei gemischten Konstruktionen, z. B. Beton- und Mauerwerk von Bedeutung. Für das Dehnmaß des Mauerwerkes sind bestimmte Werte nicht angebbar. Man wird in den meisten Fällen mit zwei Grenzwerten rechnen müssen und annehmen können, daß

$$\frac{\text{Dehnmaß des Betons}}{\text{Dehnmaß des Mauerwerkes}} = 1 \text{ bis } 2.$$

Plattenbalken haben die Nutzbreite b um $6\,d$ geringer als bei der Spannungsberechnung. Für den reinen Betonquerschnitt des Plattenbalkens ermittelt sich das Trägheitsmoment J aus folgenden Formeln:

$$b = 6\,d + b_0 + 2\,b_s,$$
$$F = (b - b_o)\,d + b_o\,d_o,$$
$$S = (b - b_o)\,\frac{d^2}{2} + b_o\,\frac{d_o^2}{2},$$
$$J_o = \frac{(b - b_o)\,d^3}{3} + b_o\,\frac{d_o^3}{3}.$$

Der Abstand x der Nullinie vom Druckrand ist:

$$x = \frac{S}{F}.$$

Das Trägheitsmoment J bezüglich der Nullinie ist:

$$J = J_o - \frac{S^2}{F}.$$ (2)

Das Widerstandsmoment W_b bezüglich des Druckrandes ist:

$$W_b = \frac{J}{x} = \frac{J_o}{x} - S$$ (3)

Näherungsweise gilt für den Plattenbalkenquerschnitt, wenn $d_0 = 2{,}5\,d$ bis $5\,d$,

$$\left. \begin{array}{l} b = 5\,b_0 \text{ bis } 7\,b_0\colon\ J = 0{,}17\,b_0\,d_0{}^3 \\ b = 7\,b_0 \text{ bis } 10\,b_0\colon\ J = 0{,}19\,b_0\,d_0{}^3 \end{array} \right\}$$ (4)

A. Platten mit Hauptbewehrung nach einer Richtung

Stützweite

2. Die Stützweite zweiseitig gelagerter Platten ist bei flächengelagerten oder eingespannten Platten gleich der Lichtweite zuzüglich der Plattenstärke in Feldmitte anzunehmen. Ist die Länge eines Auflagers geringer als die Plattenstärke in der Feldmitte, so ist seine Sicherheit besonders nachzuweisen.

Die Stützweite einer Platte oder eines Trägers ist der Abstand der Resultierenden der Auflagerpressungen. Diese geht durch die Mitte der Auflagerfläche, wenn nicht offensichtlich, wie bei eingespannten Tragkonstruktionen, eine andere Verteilung der Auflagerpressungen vorhanden ist. Die Auflagerlänge wird man bei Platten gleich der Plattendicke in der Feldmitte annehmen. Ist die Auflagerlänge kleiner als dieses Maß, so darf die Spannung:

$$\sigma = \frac{\text{Auflagerfläche}}{\text{Auflagerdruck}}$$ den Wert, der für die Unterlage zulässig ist, nicht überschreiten. Die Stützweite darf aber trotzdem für die Berechnung der Biegungsmomente nicht kleiner angenommen werden, als sich nach obiger Regel ergibt.

Momente durchlaufender Platten

3. Die Momente durchlaufender Platten können im allgemeinen[1] nach den Regeln für frei drehbar gelagerte Durchlaufträger berechnet werden, deren Spannweite gleich ist dem Achsenabstand seiner Auflager.

Der Unterschied zwischen der theoretischen Annahme der Platte als Durchlaufträger mit freier Verdrehungsmöglichkeit über den Auflagern und dem wirklichen Verhalten drückt sich rechnungs-

---

[1] D. B.: für die ungünstigste Laststellung.

mäßig in etwas zu großen Feldmomenten und zu kleinen Stützmomenten aus und kann bis zu 10% ausmachen.

Unter Achsenabstand der Auflager versteht man den Abstand der Mittellinien der Auflagerflächen.

a) Negative Feldmomente. Bei durchlaufenden Platten zwischen Eisenbetonträgern brauchen die negativen Feldmomente aus veränderlicher Belastung nur mit der Hälfte des Wertes berücksichtigt zu werden.

Das negative (nach oben biegende) Feldmoment entsteht bei veränderlicher feldweiser Belastung aus der Vollbelastung der Nachbarfelder eines Feldes (Abb. 27) und braucht bei durchlaufenden Platten zwischen Eisenbetonträgern nur mit der Hälfte seines Wertes berücksichtigt werden, was Ersparnisse an Kappen

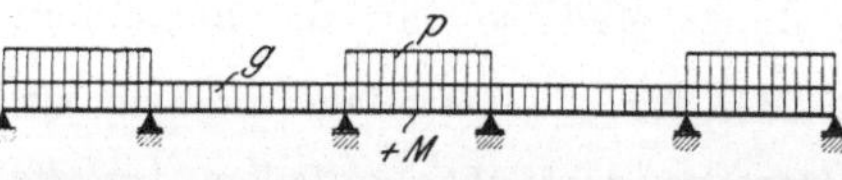

Abb. 27. Anordnung der Belastung für das größte negative Feldmoment im Mittelfeld

eisen bringt. Läuft die Platte über Mauern, so fällt diese Begünstigung weg, weil hier keinerlei Einspannung der Platte vorliegt.

b) Mindestwert für positive Feldmomente. Ergibt sich für das größte positive Feldmoment ein kleinerer Wert als bei voller, beiderseitiger Einspannung, so ist der Querschnittberechnung der für beiderseitige volle Einspannung geltende Wert des Feldmomentes zugrunde zu legen.

Diese Festsetzung soll einer Überschätzung der Kontinuitätswirkung vorbeugen. Der angezogene Fall ergibt sich besonders bei ungleichen Feldweiten, z. B. nach Abb. 28. Bei gleich verteilter Belastung ist daher der Mindestwert für das positive Feldmoment

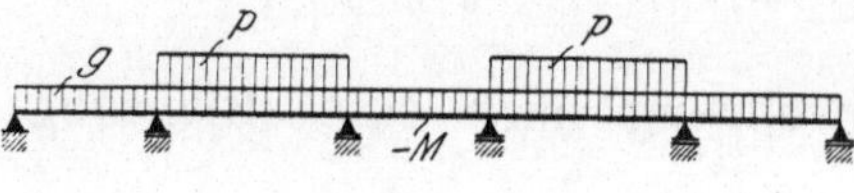

Abb. 28. Anordnung der Belastung für das größte positive Feldmoment im Mittelfeld

mit $\dfrac{q \times l^2}{24}$ anzunehmen. Bei Einzellasten ist der entsprechende Wert für vollkommene Einspannung einzusetzen. Er beträgt bei einer Einzellast unter derselben: $M = P \times \dfrac{2 \times a^2 \times b^2}{l^3}$, wenn a und b die Abstände von den Auflagern sind. Bei Dreiecksbelastung ist: $M = 0{,}043 \times q \times l^2$.

c) Einspannung. Bei Berechnung der Momente in den Feldmitten darf eine Einspannung an den Endauflagern nur so weit berücksichtigt werden, als sie durch bauliche Maßnahmen gesichert und rechnerisch nachweisbar ist.

Wenn freie Auflagerung im Mauerwerk angenommen wird, muß gleichwohl durch obere Eiseneinlagen und ausreichenden Betonquerschnitt an der Unterseite eine unbeabsichtigte Einspannung, namentlich bei Rippendecken mit oder ohne Ausfüllung der Zwischenräume, berücksichtigt werden.

Die Frage der Einspannung ist eines der praktisch wichtigsten und theoretisch ungeklärtesten Kapitel der Baumechanik. Da die Einspannung an den Auflagern immer Ersparnisse an Stahl in den Feldmitten bringt, so wird sie oft zu hoch eingeschätzt und vor allem nicht durch bauliche Maßnahmen gewährleistet. Mit der vollen Einspannung einer Platte kann man rechnen, wenn sie in einen starken Eisenbetonträger eingebunden ist oder wenn bei genügend tiefen Eingreifen in stärkerem Mauerwerk oben und unten wenigstens drei Scharen Portlandmauerwerk anschließen. Bei schwachen Mauern soll man für die Berechnung des Feldmomentes überhaupt keine Einspannung annehmen.

Bei Rippendecken würden die Druckspannungen in der schmalen Rippe viel zu hohe Werte annehmen. Die Breite der Rippe muß entweder vergrößert, oder ein Anlauf angeordnet werden. Am besten ist es, bei Zimmerdecken am Rande das Auflager als volle Platte bis zirka ein Zehntel der Stützweite auszubetonieren. Man kann die hiedurch entstehende größere Einspannung in Rechnung stellen (Abb. 29).

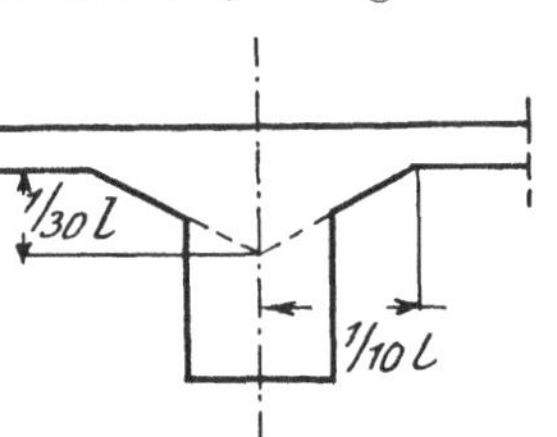

Abb. 29. Auflager einer Rippendecke

d) Im Falle gleicher oder ungleicher Stützweiten, bei denen die kleinste Stützweite noch mindestens 0,8 der größten ist, dürfen in Hochbauten bei gleichmäßig verteilter Belastung $q = $ ständige Last $g + $ Verkehrslast p die Momente durchlaufender Platten wie folgt berechnet werden:

Positive Feldmomente: Bei Platten mit Anläufen, deren Länge mindestens $1/_{10}\, l$ und deren Höhe mindestens $1/_{30}\, l$ (Abb. 30, Önorm Abb. 3) beträgt,

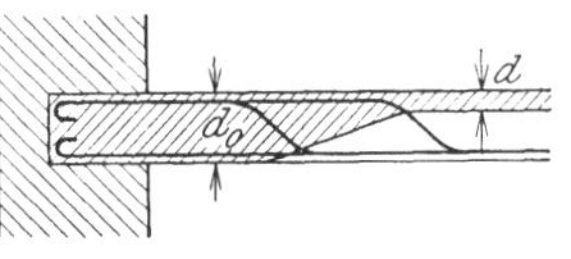

Abb. 30. (Önorm Abb. 3)

$$\text{in den Endfeldern max } M = {}^1/_{12}\, q\, l^2 \qquad (1)$$

$$\text{in den Innenfeldern max } M = {}^1/_{18}\, q\, l^2 \qquad (2)$$

Sind keine oder kleinere Anläufe vorhanden, so sind die entsprechenden Momente zu erhöhen auf ${}^1/_{11}\, q\, l^2$ bzw. ${}^1/_{15}\, q\, l^2$.

Stützenmomente: Bei Platten über nur zwei Feldern

$$- M = {}^1/_{8}\, q\, l^2 \qquad (3)$$

3*

bei Platten mit drei oder mehr Feldern

(4)   an der Innenstütze des Randfeldes $- M = \frac{1}{9}\, q\, \mathrm{l}^2$

(5)   an den übrigen Innenstützen $- M = \frac{1}{10}\, q\, \mathrm{l}^2$

Negative Feldmomente:

(6) $\min\ M = \frac{1}{24}\left(g - \frac{p}{2}\right) \mathrm{l}^2$

Für Platten in Hochbauten bei gleichmäßig verteilter Belastung über alle Felder gibt die Norm sehr einfache Formeln für die näherungsweise Berechnung der Feldmomente und Stützmomente an. Die negativen Feldmomente werden mit der halben Verkehrslast nach Ziffer 3a gerechnet.

Beispiele zur näherungsweisen Ermittlung der Momente

1. Decke mit Anläufen (Abb. 31).

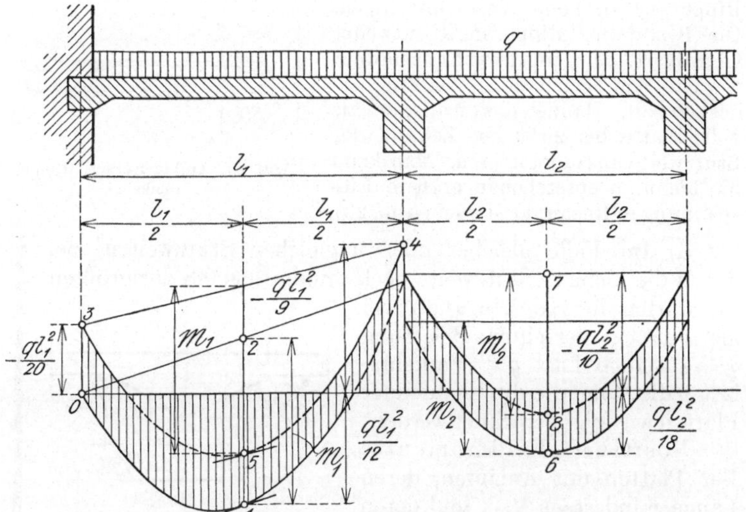

Abb. 31. Näherungsweiser Momentenverlauf für eine Decke mit Anläufen

a) Endfeld im Mauerwerk eingebunden.

Feldmoment: Die Momentenparabel (vgl. S. 67) ist festgelegt durch den Punkt 0 am Auflager und den Punkt 1 in der Feldmitte im Abstand: $\frac{q\, l_1^2}{12}$ von der Bezugslinie 0. Von Punkt 1 aus wird der Wert: $\mathfrak{M}_1 = \frac{q\, l_1^2}{8}$ nach oben abgetragen und der Punkt 2 erhalten. Die Lage der Schlußlinie ist durch die Punkte 0 und 2 bestimmt.

Stützmoment: Die Momentenparabel ist festgelegt durch den Punkt 3, der dem Einspannmoment: $-\dfrac{q\,l_1^{\,2}}{20}$ für Einspannung in Mauerwerk mit Weißkalkmörtel entspricht, und den Punkt 4, der das Stützmoment: $-\dfrac{q\,l_1^{\,2}}{9}$ darstellt. Von der so bestimmten Schlußlinie 3 bis 4 wird der Wert für $\mathfrak{M}_1$ in der Feldmitte abgetragen und Punkt 5 erhalten. Bei Einspannung in einem starken Eisenbetonträger oder in Mauerwerk in Portlandzementmörtel ist anstatt: $-\dfrac{q\,l_1^{\,2}}{20}$ der Wert: $-\dfrac{q\,l_1^{\,2}}{12}$ abzutragen.

b) Innenfelder. Hier gestaltet sich das Aufzeichnen der Parabeln bedeutend einfacher, da die Schlußlinien wagrecht liegen.

Feldmomente: Der Parabelscheitel Punkt 6 liegt um die Strecke, die im Momentenmaßstab dem Wert $\dfrac{q\,l_2^{\,2}}{18}$ entspricht, unter der Bezugsachse 0 bis 0.

Stützmoment: Die Schlußlinie liegt um den Wert $\dfrac{q\,l_2^{\,2}}{10}$ über der Bezugslinie.

2. Decke ohne Anläufe (Abb. 32).

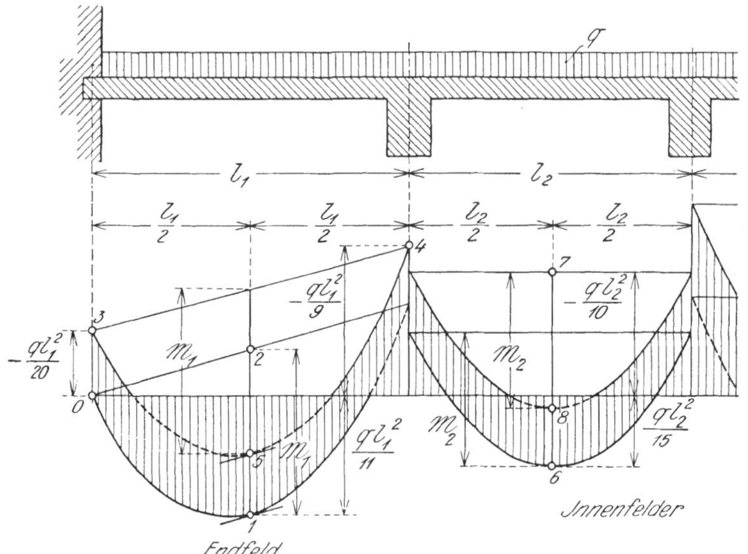

Abb. 32. Näherungsweiser Momentenverlauf für eine Decke ohne Anläufe

Das Aufzeichnen der Momentenparabeln geschieht genau nach dem gleichen Vorgange und nur mit dem Unterschied, daß für die Feldmomente die Werte $\dfrac{q\,l_1^2}{11}$, bzw. $\dfrac{q\,l_2^2}{15}$ anzunehmen sind.

Einzellasten und Streckenlasten

4. Einzellasten oder Streckenlasten (Abb. 33, Önorm Abb. 4, und Abb. 34, Önorm Abb. 4a). Platten mit der Stützweite l mit oder ohne verteilende Deckschicht von der Stärke s, die Einzellasten oder Streckenlasten, z. B. Raddrücke oder Maschinenfüße tragen, sind bei Laststellung in Plattenmitte zu berechnen wie plattenförmige Balken von der

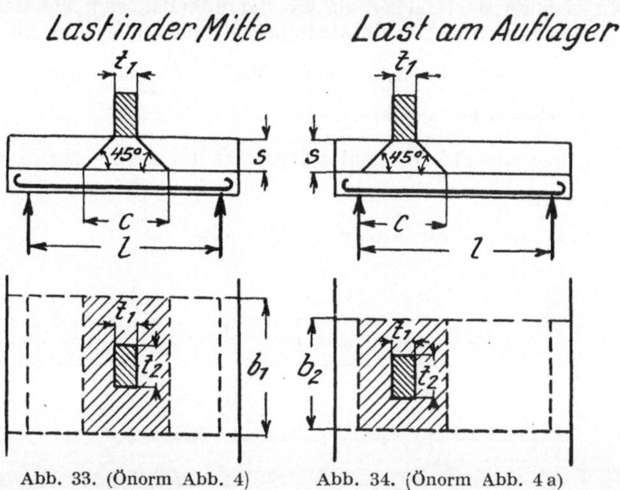

Abb. 33. (Önorm Abb. 4)   Abb. 34. (Önorm Abb. 4a)

Breite $b_1 = {}^2/_3\,l$ oder $b_1 = t_2 + 2\,s$. Bei Laststellung am Auflager beträgt die zulässige Breite $b_2 = {}^1/_3\,l$ oder $t_2 + 2\,s$.

In beiden Fällen ist das größere der beiden Maße zu wählen. Zwischenwerte für b bei anderen Laststellungen sind angemessen einzuschalten.

In der Richtung der Zugeisen ist eine Lastverteilung auf die Länge $c = t_1 + 2\,s$ zulässig.

Hiebei wird angenommen, daß sich die Einzellast oder die Streckenlast gleichmäßig auf die Fläche $b_1 . c$ bzw. $b_2 . c$ verteilt.

Dieser Absatz gilt hauptsächlich für Brücken, wo dicke Platten in Anwendung kommen. Im Hochbau wird man unter einer Einzellast stets einen Träger einziehen. Bei Hofunterkellerungen und Hausdurchfahrten, wo die Raddrücke als Einzellasten wirken, ordne man eine Überschüttung von mindestens 40 cm an.

Stützkräfte durchlaufender Deckenplatten

5. Stützkräfte durchlaufender Deckenplatten. Bei Ermittlung der Stützendrücke von Durchlaufplatten dürfen die Stetigkeitsfolgen vernachlässigt werden. Das Belastungsfeld eines Deckenbalkens kann mithin bei gleichmäßig verteilter Belastung beiderseits bis zur Mitte der anstoßenden Deckenfelder gerechnet werden.

Die Auflagerdrücke bei durchlaufenden Deckenplatten sind so zu berechnen, als ob lauter Freiträger von Auflager zu Auflager gelegt wären. Bei der genauen Berechnung ergeben sich meist sehr geringfügige Unterschiede gegenüber diesen Näherungswerten.

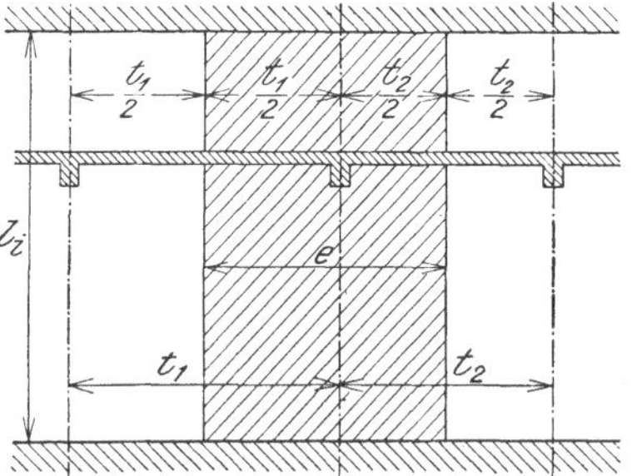

Abb. 35. Belastungsfeld bei einer Plattenbalkendecke

Für die praktische Berechnung hat sich der Begriff des Belastungsfeldes eingebürgert. Dieses reicht von Mauerflucht zu Mauerflucht und von einer Feldmitte zur anderen. Die auf den Träger sitzende Last ist daher bei gleichmäßig verteilter Belastung (Abb. 35)

$$Q = q \times e \times l_i$$

wobei l_i die Lichtweite und e die Breite des Belastungsfeldes ist.

Rippendecken

6.[1] Rippendecken. Werden in Eisenbetondecken druckfeste Füllkörper eingelegt (§ 14, Ziffer 7), so dürfen sie zur

---

[1] D. B.: Eisenbetonrippendecken. Werden in Eisenbetondecken Hohlsteine oder Füllkörper eingelegt, so dürfen sie zur Spannungsübertragung nicht mit herangezogen werden. Die Tragfähigkeit der Eisenbetonplatte zwischen den Rippen ist auf Anfordern nachzuweisen. Durchlaufende Hohlsteindecken müssen im Bereiche der negativen Momente, die von den Rippen nicht mehr aufzunehmen sind, aus vollem Beton hergestellt werden.

7. Decken aus fertig verlegten Eisenbetonbauteilen. Die vorstehenden Bestimmungen gelten auch für Decken aus neben-

Spannungsübertragung nur dann mit herangezogen werden, wenn der Verbund zwischen Beton und Füllkörpern durch deren Form gewährleistet ist. Die Tragfähigkeit der Eisenbetonplatte zwischen den Rippen ist über Aufforderung nachzuweisen. Bei durchlaufenden Hohlsteindecken müssen im Bereich der negativen Momente die zu deren Aufnahme nötigen Maßnahmen (z. B. voller Beton) getroffen werden.

Dieser Punkt behandelt allgemein die als Rippendecken anzusprechenden Spezialkonstruktionen. Der Nachweis der Erfüllung der geforderten Bedingungen muß durch Versuche erbracht werden. Der Baugewerbetreibende führt am besten nur solche Spezialkonstruktionen aus, welche amtlich zugelassen sind.

In der Önorm fehlt die in der Fußnote wiedergegebene Bestimmung der deutschen Vorschriften über: 7. Decken aus fertig verlegten Eisenbetonbauteilen. Da zu erwarten ist, daß bei kleineren Ausführungen diese Deckenkonstruktionen wegen des Entfallens der Schalarbeit und der Schalungsfristen, sowie wegen der rascheren Herstellung immer mehr angewendet werden dürften, so sei auf einen wichtigen Umstand aufmerksam gemacht: Der Natur der Sache nach werden diese Spezialkonstruktionen von größeren Baufirmen, die eine Betonwarenabteilung angegliedert haben, hergestellt und verkauft. Der Bauführer versäume aber nie, eine ordnungsgemäße statische Berechnung für diese Konstruktionen vorzulegen und begnüge sich nie mit der bloßen Ersichtlichmachung in den Einreichungsplänen, darauf pochend, daß ohnehin eine Zulassungsbewilligung vorliege und die erzeugende Firma mit ihrem Stab an geschultem Personal die Berechnung bereits ein für allemal besorgt hätte. Es kann sonst leicht eintreten, daß dieses Vorgehen, wenn es zur Übung wird, dazu beiträgt, die Ausführung von Eisenbetonbauten und Eisenbetonbauteilen an eine eigene Konzession zu binden und dem Bau- und Maurermeister nur das Versetzen von fertigen Bauteilen zu gestatten.

Die Önorm enthält mehrere Bestimmungen, deren Nichtbeachtung ähnliche Folgen haben könnte, z. B. die Vorbemerkung, dann § 6, Ziffer 4, 1. Satz, usw.

B. Umfanggelagerte Platten und Pilzdecken
Kreuzweise bewehrte Rechteckplatten

7. Ringsum aufliegende, kreuzweise bewehrte umfangsgelagerte Rechteckplatten mit den Stützweiten l_x und l_y sind, wenn sie nicht genauer behandelt werden, als zwei Träger einandergereihten balkenartigen Einzelgliedern, die in den Fugen in voller Höhe wirksam verbunden sind. Bezüglich der Nutzhöhe gelten die Bestimmungen über Balken und Platten.

mit den genannten Stützweiten zu berechnen, die bei gleichförmiger Belastung mit

$$q_x = \frac{l_y^{\,4}}{l_x^{\,4} + l_y^{\,4}}\, q \quad \text{und} \quad q_y = \frac{l_x^{\,4}}{l_x^{\,4} + l_y^{\,4}}\, q \tag{7}$$

belastet sind.

Die zwei Träger sind je nach der Lagerung als frei aufliegend, eingespannt oder durchlaufend zu berechnen.

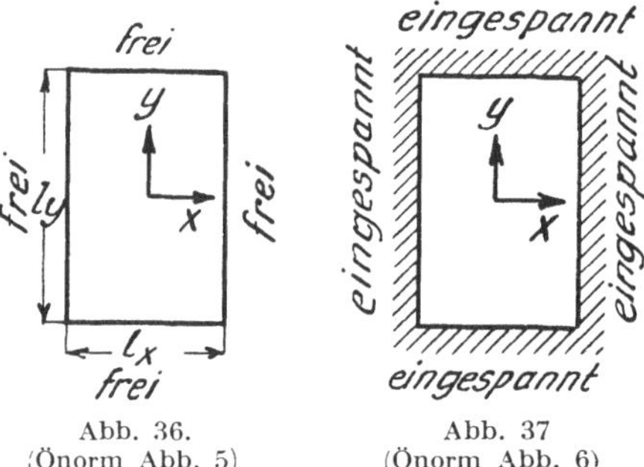

Abb. 36.
(Önorm Abb. 5)

Abb. 37
(Önorm Abb. 6)

Unter der Voraussetzung, daß die Ecken der Platte gegen
Abheben gesichert sind, betragen die Feldmomente M für den
Grenzfall freier Auflagerung (Abb. 36, Önorm Abb. 5) in der
Richtung x

$$M_x = \frac{q_x \cdot l_x^{\,2}}{8} \cdot v_a \quad \text{mit } v_a = 1 - \frac{5}{6}\, \frac{l_x^{\,2} \cdot l_y^{\,2}}{l_x^{\,4} + l_y^{\,4}} \tag{8}$$

Für den Grenzfall voller Einspannung (Abb. 37, Önorm
Abb. 6) in der Richtung x ist das Feldmoment

$$M_x = + \frac{q_x\, l_x^{\,2}}{24} \cdot v_b \quad \text{mit } v_b = 1 - \frac{5}{18}\, \frac{l_x^{\,2}\, l_y^{\,2}}{l_x^{\,4} + l_y^{\,4}} \tag{9}$$

und das Einspannmoment

$$M_x = - \frac{q_x\, l_x^{\,2}}{12}.$$

Bei teilweise eingespannten und durchlaufenden Platten
sind die Beiwerte v zwischenzuschalten. Wenn die Ecken der
Platten gegen Abheben nicht gesichert sind, betragen die
Beiwerte $v = 1$.

Man ersetzt, ähnlich wie bei den Pilzdecken, die umfanggelagerte
Platte durch zwei stellvertretende Träger, die ohne Rücksicht aufeinander mit den Lasten q_x und q_y berechnet werden.

Ergibt sich für ein bestimmtes Feld mit den Stützmomenten
M_1 und M_2 der Einspanngrad η, so beträgt der Faktor v, mit

dem das Feldmoment M_x multipliziert werden kann, um es zu vermindern

(5)
$$v = v_a (1 - \eta) + v_b \eta$$

Der Einspanngrad η darf hiebei höchstens den Wert 1 annehmen; er ist nach Gl. 9 zu ermitteln.

Entsprechend der Bestimmung § 17, Z. 3 b, darf die Platte mit keinen kleineren Feldmomenten als

(6)
$$M_x = \frac{q_x l_x^2}{24} \cdot v_b, \quad M_y = \frac{q_y l_y^2}{24} \cdot v_b$$

dimensioniert werden.

Die umfanggelagerte Platte als Wohnhausdecke

Die umfanggelagerte Platte stellt eine außerordentlich billige Wohnhausdecke dar, die um so mehr Berechtigung hat, als man die notwendige Unterstützung in der Richtung der Scheidemauern durch Rippen bequem über diesen anordnen kann. Sie eignet sich besonders als Kellerdecke bei Kleinwohnhäusern, sowie bei allen Deckenkonstruktionen, wo eine gleichmäßig verteilte Belastung angenommen werden kann. Sie darf aber nicht durch Ziegelwände oder schwere Einzellasten beansprucht werden. Daher kommt sie als Decke für Hofunterkellerungen und unterkellerte Einfahrten, die mit schweren Wagen befahren werden, nicht in Betracht. Ihre Vorteile sind: Wegfall der Schalarbeit für die Rippen, einfach herzustellende Bewehrung und Ersparnis an Konstruktionshöhe. Als Nachteil muß der etwas größere Materialverbrauch, sowohl als an Beton, als auch an Stahl, bezeichnet werden.

Man unterscheidet so wie bei der Platte mit nur einer Bewehrung, auch bei den kreuzweise bewehrten Platten, die auf allen vier Seiten frei aufliegende, ferner die durchlaufende und die eingespannte Platte. Die frei aufliegende Platte kommt für Wohnhausdecken nicht in Betracht, da eine Plattendicke von rund $^1/_{25}$ der kürzeren Spannweite diese zu dick, dadurch zu schwer und unwirtschaftlich macht. Am günstigsten gestalten sich die Querschnitte, wenn die Platte auf allen vier Seiten in Randträger eingespannt wird, deren Höhe und Breite aber mindestens die zweieinhalbfache Plattendicke haben muß, damit die Einspannung auch wirklich gewährleistet ist.

Die Unsicherheit, die diesen ganzen Berechnungen anhaftet, gestattet es, für kleinere Ausführungen folgende Vereinfachungen vorzunehmen.

Es sei mit l_x die kleinere Stützweite und mit l_y die größere Stützweite bezeichnet. Das Moment in der Richtung der kleineren Stützweite heiße M_x, ergibt sich aber immer größer als das Moment M_y in der Richtung der größeren Stützweite, da sich die Plattenlast auf dem kürzeren Wege mehr auf die Auflager überträgt. Aus diesem Grunde legt man die Bewehrung in der Richtung l_x immer unter die in der Richtung l_y, damit man für das größere Biegungsmoment eine größere Nutzhöhe zur Verfügung habe. Trotzdem wird die Bewehrung nach l_x meist stärker als die nach l_y. Die Biegungsmomente ergeben sich für die kreuzweise bewehrte Platte mit der Gleichlast q per Quadratmeter nach folgenden Formeln:

$$\left.\begin{aligned} M_x \text{ in kgcm} &= \\ &= k_1 \times q \times l_x^{2} \\ M_y \text{ in kgcm} &= \\ &= k_2 \times q \times l_y^{2} \end{aligned}\right\} \quad (7)$$

q ist in kg, l in m einzusetzen.

Die Werte von k_1 und k_2 sind aus Tabelle V zu entnehmen; sie hängen vom Verhältnis $\dfrac{l_y}{l_x}$ und von der Art der Ausführung ab. Es gibt nämlich folgende Plattentypen:

A. Platten, deren Ecken gegen Abheben vom Auflager nicht gesichert sind; das sind jene, die nur in schwachen Randträgern eingespannt sind oder auf deren Ecken

Tabelle V. Biegungsbeiwerte für die kreuzweise bewehrte Rechteckplatte. Werte von k_1 und k_2

Seiten-verhältnis $\dfrac{l_y}{l_x}$	A. nicht gesichert				B. gesichert — Ecken gegen Abheben vom Auflager							
	frei aufl.		frei aufl.		halb eingespannt				voll eingespannt			
	1. Feldmitte		2. Feldmitte		3. Feldmitte		4. Endquerschn.		5. Feldmitte		6. Endquerschn.	
	k_1	k_2	k_1	k_2	k_1	k_2	k_1	k_2	k_1	k_2	k_1	k_2
1,00	6,25	6,25	3,65	3,65	3,01	3,01	2,08	2,08	1,79	1,79	4,17	4,17
1,05	6,86	5,74	4,02	3,28	3,31	2,71	2,29	1,87	1,97	1,61	4,57	3,77
1,10	7,43	5,07	4,38	2,92	3,61	2,41	2,48	1,68	2,14	1,44	4,96	3,38
1,15	7,95	4,55	4,77	2,53	3,89	2,13	2,65	1,51	2,30	1,28	5,30	3,04
1,20	8,43	4,07	5,14	2,16	4,16	1,86	2,81	1,35	2,45	1,13	5,62	2,72
1,25	8,86	3,64	5,52	1,78	4,42	1,60	2,96	1,20	2,58	1,00	5,91	2,43

keine Pfeiler oder sonstige Lasten stehen, z. B. Abdeckplatten von Senkgruben. Bei derartigen Ausführungen heben sich die Ecken von ihrer Unterlage ab. Sie müssen mit den Werten der Spalten 1 und 2 der Tabelle berechnet werden.

B. Stehen genügend große Lasten auf den Ecken, so werden diese nach unten gedrückt und die Plattenmitte etwas gehoben. Durch diese Gegenwirkung wird die Tragfähigkeit der Platte in der Mitte vergrößert. Diese Ausführung wird mit den Werten von k_1 und k_2 aus den Spalten 2 bis 6 berechnet. Spalte 2 gibt diese für die allseitig frei aufliegende Platte an. Die freie Auflagerung muß man annehmen, wenn die Platte ohne Vermittlung von Randunterzügen in Mauerwerk mit Weißkalkmörtel einbindet. Trotzdem empfiehlt es sich, für die Berechnung der Auflagerzone ein unbeabsichtigtes Einspannmoment von $-\dfrac{q\,l^2}{24}$ vorauszusetzen und dieses der 4. Spalte zu entnehmen. Die Spalten 3 und 4 geben die Werte von k_1 und k_2 für die halb eingespannte Platte. Alle in steife Randträger eingespannten Platten lassen sich, ohne daß die Sicherheit beeinträchtigt wird, als halbeingespannte Platten konstruieren. Die untenliegenden Bewehrungsstähle führe man bis zu den Auflagern durch. Bei Gefahr von unbeabsichtigter Einspannung erhöhe man den Eisenquerschnitt am Rande auf den in der Feldmitte. Die Spalten 5 und 6 geben die k-Werte für die voll eingespannte Platte. Als solche kann eine Decke von nicht zu großer Spannweite und Belastung berechnet werden, wenn sie in volles Betonmauerwerk oder Ziegelmauerwerk in Zementmörtel von mindestens dreifacher Plattendicke einbindet. Auch bei dieser Ausführung lasse man die an der Unterseite liegenden Tragstähle bis über die Auflager durchgreifen.

Beispiel von umfanggelagerten Platten (Abb. 38)

In einem Kleinhause mit nebenstehendem Kellergrundriß sei die Kellerdecke aus umfanggelagerten Platten zu entwerfen. Die Ausführung erfolge mit Einspannung in Randträgern nach Detail I; die Platte kann daher als halb eingespannt berechnet werden.

1. Gassenseite.

a) Ermittlung der Plattendicke $d = \dfrac{l_i}{31} = \dfrac{430}{31} = 14\,\text{cm}.$

Kürzere Stützweite: $l_x = 4{,}30 + \dfrac{0{,}14}{2} + \dfrac{0{,}25}{2} = 4{,}50\,\text{m};$

Größere Stützweite: $l_y = 4{,}50 + \dfrac{0{,}14}{2} + \dfrac{0{,}38}{2} = 4{,}75\,\text{m}.$

b) Belastung.

Eigengewicht $= 2400 \times 0{,}14$ .... $= 340$ kg/m²
Fußboden mit Beschüttung .... $= 110$,,
Verkehrslast .... $= 200$ ..
____
Gesamtlast q .... $= 650$,,

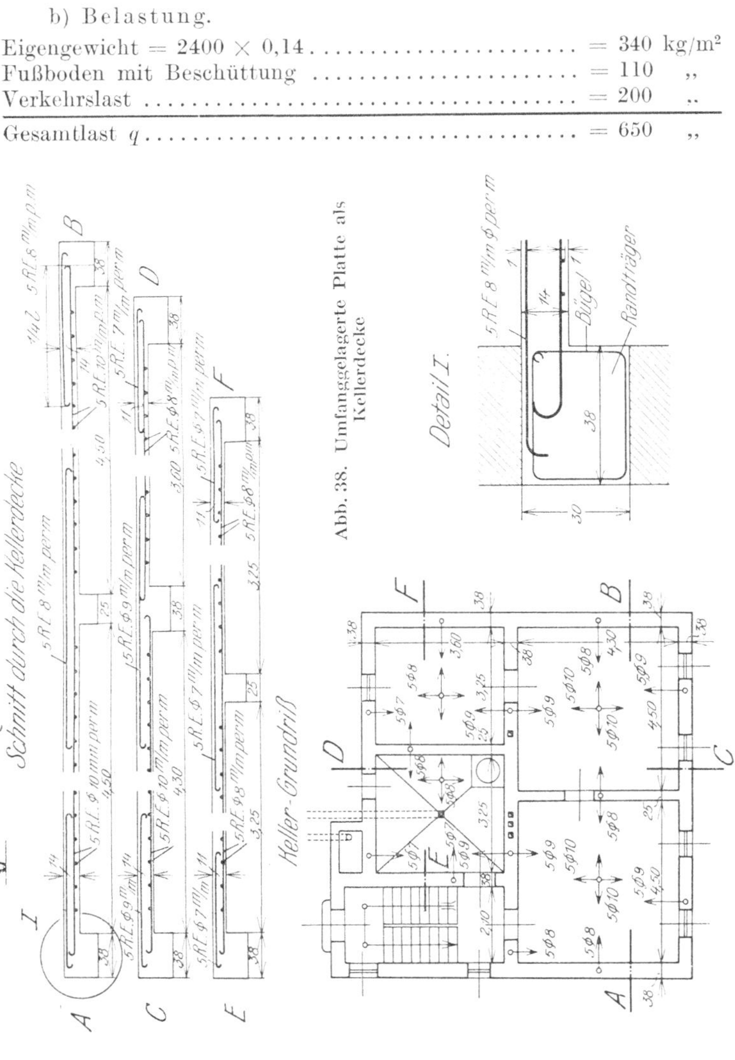

Abb. 38. Umfanggelagerte Platte als Kellerdecke

c) Ermittlung der Biegungsmomente.

Seitenverhältnis: $\dfrac{l_y}{l_x} = 1{,}05$

Richtung l_x: $h_y = 14 - 1 - 0{,}5 = 12{,}5$ cm

Feldmitte: $M_{x,\,m} = 3{,}31 \times 650 \times 4{,}50^2 = 44\,400$ kgcm;

$\qquad f_{ex,\,m} = 3{,}2$ cm² (5 R. St. $\varnothing$ 10)

Auflager: $M_{x,1} = 2{,}29 \times 650 \times 4{,}50^2 = 30\,200$ kgcm;
$\quad f_{ex,1} = 2{,}0$ cm² (5 R. E. ⌀ 8)
Richtung l_y: $h_x = 14 - 1 - 1{,}0 - 0{,}5 = 11{,}5$ cm.
Feldmitte: $M_{y,m} = 2{,}71 \times 650 \times 4{,}75^2 = 39\,600$ kgcm;
$\quad f_{ey\,m} = 3{,}5$ cm² (5 R. E. ⌀ 10)
Auflager: $M_{y,1} = 1{,}87 \times 650 \times 4{,}75^2 = 27\,400$ kgcm;
$\quad f_{ey,1} = 2{,}2$ cm² (5 R. E. ⌀ 8).

2. Hofseite.

Mit genau dem gleichen Gang der Berechnung erhält man die in der Abb. 31 eingetragene Ausführung.

Pilzdecken

8. Pilzdecken. Die Biegemomente und Querkräfte von Pilzdecken (§ 14, Ziffer 8) sind sowohl für die Decke als auch für die Säulen nach den Regeln der Plattentheorie zu berechnen, wobei die Drillmomente zu berücksichtigen sind.

Die Teile des Säulenkopfes, die unterhalb einer Neigung von 45⁰ gegen die Wagrechte liegen (Abb. 18 (Önorm Abb. 1) und Abb. 19 (Önorm Abb. 2), dürfen zur Spannungsübertragung nicht herangezogen werden und gelten beim Spannungsnachweis als nicht vorhanden. Die Mindestabmessungen der Säulenköpfe müssen im übrigen den Maßen der Abb. 18 (Önorm Abb. 1) oder Abb. 19 (Önorm Abb. 2) entsprechen.

Für den wirksamen Querschnitt eines Eisenstabes mit dem Querschnitt F_e, dessen Achse mit der Normalen einer beliebigen Schnittebene den Winkel α einschließt, darf der Wert $F_e \cdot \cos \alpha$ eingeführt werden.

Die Pilzdecken kommen hauptsächlich für Speicher, Kellerräume und Industriebauten in Betracht. Sie bestehen aus einer dicken Platte, welche direkt auf den Säulen ohne Vermittlung von Unterzügen aufliegt. Man nennt sie deshalb auch trägerlose Decken. Da aber an den Stellen, wo die Platte auf den Säulen aufsitzt, sehr große Schubkräfte infolge der Konzentration des Auflagerdruckes auf die verhältnismäßig geringe Plattendicke entstehen würden, müssen daher diese Auflager entsprechend verbreitert werden. Man verstärkt den Säulenkopf zum sogenannten Pilzkopf und die Platte durch eine untergelegte Verstärkungsplatte oder durch Verstärkungsschrägen. Dadurch wird die Säule mit der darüber hinweglaufenden Platte steif verbunden und wird bei einer Verbiegung derselben ebenfalls auf Biegung beansprucht, während die Platte in der Verbiegung behindert wird.

Für die Ausnützung der erhöhten Betonspannung nach § 19, 4a, ist die Wirkung der Drill- oder Drillungsmomente zu berücksichtigen, welche bei einer Reihe von älteren Theorien vernachlässigt werden.

Die Drillungs- oder Drehmomente entstehen durch die Wirkung der Schubspannungen im lotrechten Längsschnitt, wenn man diese zu einem resultierenden Drehmoment vereinigt. Diese Drehmomente spielen auch bei den umfanggelagerten Platten eine gewisse Rolle, wo sie die Ursache des Abhebens der Plattenecken von der Unterlage sind. Bei den Pilzdecken ist die Wirkung der Drillungsmomente infolge der nur punktförmigen Lagerung bedeutend kleiner.

Stellvertretende Rahmen bei Pilzdecken

Wenn keine genaue Untersuchung nach der Plattentheorie durchgeführt wird, so können die trägerlosen Decken durch zwei sich kreuzende Scharen von Längs- und Querbalken ersetzt werden, die als Durchlaufbalken mit elastisch eingespannten Stützen oder als Stockwerkrahmen ebenso zu behandeln sind, als ob sie in der querlaufenden Stützenflucht auf einer stetigen Unterlage aufruhten, und die im Gegensatz zu den ringsum aufliegenden Platten in jeder Richtung für die volle und ungünstigste Belastung berechnet werden müssen.

Die stellvertretenden Rahmen dürfen so berechnet werden, daß für die Momentenermittlung nur der Biegewiderstand der Stützen des unmittelbar anschließenden oberen und unteren Stockwerkes berücksichtigt wird.

Die Riegel der stellvertretenden Rahmen haben die Stützweiten l_x und l_y, die Querschnittbreite l_y bzw. l_x und als Querschnitthöhe die Deckenstärke d.

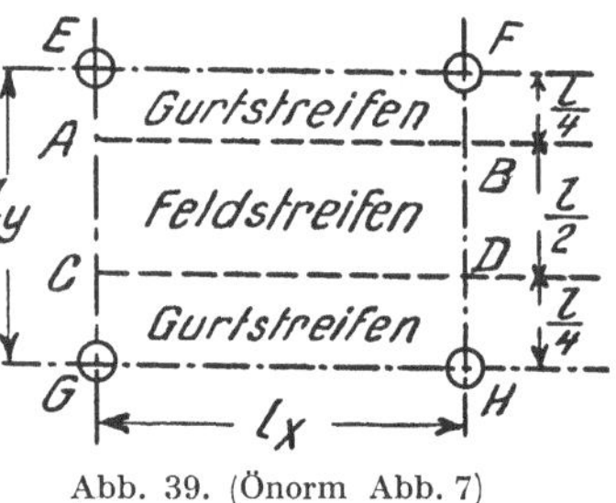

Abb. 39. (Önorm Abb. 7)

Um die Spannungen zu bestimmen, die durch die zugehörigen Biegemomente M_x und M_y in der Platte hervorgerufen werden, wird jedes Deckenfeld in einen inneren Teil $ABDC$ von der Breite $\frac{l}{2}$ und zwei äußere Teile $ABFE$ und $CDHG$ jeweils von der Breite $\frac{l}{4}$ zerlegt. Abb. 39 (Önorm Abb. 7). Der innere Teil wird als Feldstreifen, die äußeren Teile werden als Gurtstreifen bezeichnet.

Von den für einen Riegel des stellvertretenden Rahmens ermittelten positiven (oder negativen) Feldmomenten haben der Feldstreifen 45% und die beiden Gurtstreifen zusammen

55% aufzunehmen, während von den negativen Biegemomenten in den Säulenfluchten 25% dem Feldstreifen und 75% den beiden Gurtstreifen zuzuweisen sind.

Beispiel zur Ermittlung der stellvertretenden Rahmen (Abb. 40)

Abb. 40a stellt einen Teil des Grundrisses eines Geschosses dar, das mit einer Pilzdecke überdeckt ist. Der linke Rand der Platte liege mit der Auflagerlinie A_l auf einer Ziegelmauer, der obere und der rechte Rand sei nicht durch Pilzsäulen, sondern durch gewöhnliche Säulen mit Rechteckquerschnitt unterstützt, über die ein starker Unterzug U hinwegläuft (Abb. 40b). Die Auflagerung auf einer Mauer oder auf einem Träger verhindert längs dieser Unterstützung die freie Durchbiegung der Platte und gestattet in dieser Richtung eine schwächere Bewehrung derselben.

Durch die lotrechten Schnittebenen AB, CD, EF, GH usw., die durch die Säulenmittel gehen, wird das Gebäude in die Längsrahmen R_1, R_2 und R_3 und in die Querrahmen R_4, R_5, R_6 usw. zerschnitten, die durch alle Stockwerke gehen. Diese so entstandenen Gebilde sind noch keine Rahmen nach der gewöhnlichen Auffassung, denn sie bestehen in jedem Geschoß aus je zwei halben Säulenreihen und der darauf liegenden Platte. Z. B. setzt sich R_5 aus den halben Säulen 4 bis 9 in sämtlichen Geschossen und der schraffierten Deckenplatte in sämtlichen Geschossen zusammen. Die beiden halben Säulenreihen denkt man sich in die Mitte des Feldes ly zusammengeschoben und erhält auf diese Weise einen normalen Rahmen, der als durchlaufenden Rahmenriegel die Deckenplatte von der Breite des Säulenabstandes, und Ständer besitzt, die als Trägheitsmomente die Summe der halben Trägheitsmomente je zweier zugehöriger Säulen haben.

Die Berechnung dieser stellvertretenden Stockwerksrahmen kann näherungsweise so erfolgen, daß für die Berechnung einer bestimmten Geschoßdecke nur die unmittelbar darüber- und darunterstehenden Säulen als wirksam betrachtet werden. Für die III. Stockdecke zeigt Abb. 40c das Netz der Mittellinien. Die Berechnung dieser Gebilde ist bei den Rahmen erläutert (§ 17, Z. 14 und 15, S. 61).

Für die am Rande liegenden Rahmen, bei denen die Platte auf Mauerwerk oder auf Unterzügen ruht, z. B. R_1, R_3 und R_4, nimmt man als Trägheitsmomente der Rahmenständer die Trägheitsmomente der ersten inneren Stützenreihe: für R_1 z. B. J_4, J_5 und J_6. Für die äußeren Feldstreifen F_a und äußeren Gurtstreifen G_7 wird die unter f) angegebene Verminderung der Momente der inneren Feldstreifen F_i und inneren Gurtstreifen G_i benützt.

Näherungsberechnung von Pilzdecken mit gleicher Stützenteilung

Wird von einer genauen Berechnung nach der Plattentheorie oder von der angeführten Näherungsberechnung mit

Äußerer Gurt-
streifen $G_{a,4}$
Äußere Feld-
streifen $F_{a,4}$
Innere Gurt-
streifen $G_{i,4}$,
$G_{i,5}$, $G_{i,6}$
Innere Feld-
streifen $F_{i,5}$,
$F_{i,6}$
Auflagerlinie $A.l.$
Äußere Stützen-
reihe 1, 2, 3;
3, 6, 9.
Erste innere Stüt-
zenreihe 1, 4, 7;
2, 5, 8; 4, 5, 6.
Übrige innere
Stützenreihen 7,
8, 9 usw.

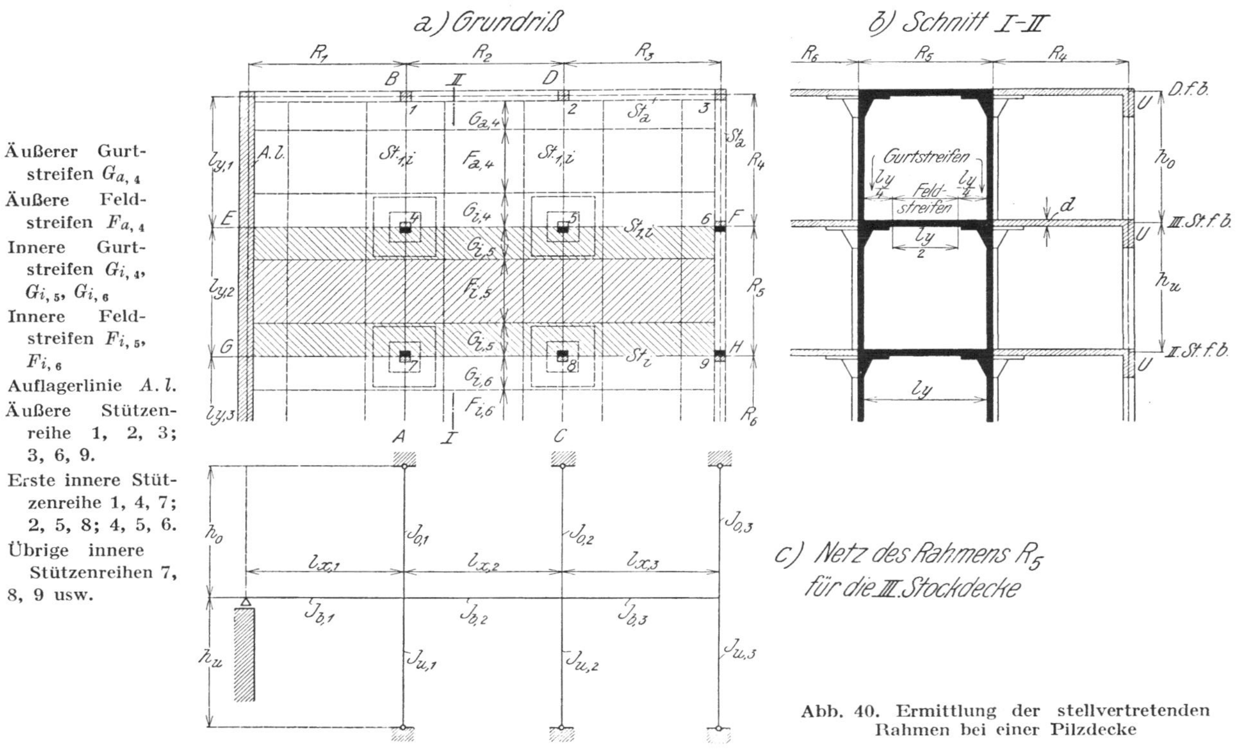

Abb. 40. Ermittlung der stellvertretenden
Rahmen bei einer Pilzdecke

stellvertretenden Rahmen abgesehen, so können bei Köpfen nach Abb. 18 (Önorm Abb. 1) und Abb. 19 (Önorm Abb. 2), wenn die Stützenabstände in allen Feldern einer Reihe gleich oder nur so weit ungleich sind, daß der kleinste noch mindestens 0,8 des größten ist, zur Errechnung der Momente M_F der Feldstreifen und M_G der Gurtstreifen die nachstehenden Gleichungen unmittelbar benutzt werden, die für die Querschnittbreite l gelten. Bei Decken ohne Verstärkung sind die nach den Gleichungen (10) und (11) errechneten Werte der positiven Momente um 25% zu erhöhen.

In den Gleichungen (10) bis (14) ist zur Bestimmung von M_x und M_y (Ziffer 8) für l jeweils l_x bzw. l_y zu setzen.

a) Außenfeld.

$$(10). \quad \begin{cases} \text{Moment im Feldstreifen } M_F = \left(\dfrac{g}{16} + \dfrac{p}{13}\right) l^2 \\[2ex] \text{Moment im Gurtstreifen } M_G = \left(\dfrac{g}{13} + \dfrac{p}{11}\right) l^2 \end{cases}$$

Die vorstehenden Formeln gelten für Decken, die auf den Außenwänden frei aufruhen oder bei denen die Außenstützen als Pendelsäulen ausgebildet sind. Werden die letzteren biegefest an die Decken angeschlossen und durchgehende Stürze in Verbindung mit den Decken angeordnet, so dürfen die nach den Formeln (10) errechneten Werte der Biegemomente um 20% ermäßigt werden.

b) Innenfeld.

$$(11). \quad \begin{cases} M_F = \left(\dfrac{g}{32} + \dfrac{p}{16}\right) l^2 \\[2ex] M_G = \left(\dfrac{g}{26} + \dfrac{p}{13}\right) l^2 \end{cases}$$

c) Stützenmomente längs der ersten inneren Stützenreihe ($q = g + p$).

$$(12). \quad \begin{cases} M_F = -\dfrac{ql^2}{24} \\[2ex] M_G = -\dfrac{q\,l^2}{8} \end{cases}$$

d) Stützenmomente in den übrigen Stützenreihen.

$$(13). \quad \begin{cases} M_F = -\dfrac{q\,l^2}{30} \\[2ex] M_G = -\dfrac{q\,l^2}{10} \end{cases}$$

e) Die am oberen Ende der unteren und am unteren Ende der oberen Säulen aufzunehmenden Biegemomente (§ 17, Ziffer 15) sind nach den Formeln

$$M_u = \mp \frac{Pl}{12} \cdot \frac{c_u}{c_o + 1 + c_u}$$

$$M_o = \pm \frac{Pl}{12} \cdot \frac{c_o}{c_o + 1 + c_u}$$

(14)

zu ermitteln. Hiebei ist P die gesamte Verkehrslast eines Feldes mit den Seitenlängen l_x bzw. l_y,

$$c_o = \frac{l}{h_o} \cdot \frac{J_o}{J_d}$$

$$c_u = \frac{l}{h_u} \cdot \frac{J_u}{J_d}$$

J_d: das Trägheitsmoment der Decke, bezogen auf die Feldbreite,

J_u: das Trägheitsmoment der unteren Säule,

J_o: das Trägheitsmoment der oberen Säule,

h_o: die Höhe der oberen Säule (Stockwerkhöhe),

h_u: die Höhe der unteren Säule (Stockwerkhöhe).

Die vorstehenden Formeln gelten auch für Außensäulen, die mit der Decke biegefest verbunden sind, wenn P durch $(G + P)$ ersetzt wird, wobei G die gesamte ständige Last eines Feldes mit den Seitenlängen l_x bzw. l_y ist.

f) In den Randfeldern darf für den mit der Auflagerlinie gleichlaufenden Feldstreifen der Wert $\frac{3}{4} M_F$ und für den unmittelbar am Rand angrenzenden Gurtstreifen der Wert $\frac{1}{2} M_G$ der Querschnittbemessung zugrunde gelegt werden, wobei M_F und M_G die für normale Innenfelder gültigen Biegemomente der Feld- bzw. Gurtstreifen bedeuten.

Bewegen sich alle l_x oder alle l_y in den angegebenen Grenzen, so kann man vorstehende Formeln verwenden. Das Verhältnis $l_y : l_x$ kann hiebei, so wie bei der ganzen Berechnung überhaupt, beliebige Werte haben.

C. Balken, Platten und Rippenbalken

Stützweite

9. Die Stützweite ist:

a) bei beiderseits frei aufliegenden Balken die Entfernung der Auflagermitten,

b) bei außergewöhnlich großen Auflagerlängen die um 5 v. H. vergrößerte Lichtweite,

c) bei Durchlaufbalken die Entfernung zwischen den Mitten der Stützen oder Unterzüge.

Ist die Länge eines Auflagers geringer als 5 v. H. der Lichtweite, so ist die Sicherheit des Auflagers nachzuweisen. Eine allfällige Einspannung darf nur so weit berücksichtigt werden, als sie rechnerisch nachgewiesen und baulich sichergestellt ist.

Die Länge eines Balkenauflagers bemißt man am zweckmäßigsten nach der zulässigen Pressung in der Auflagerfläche. Der Träger soll aber bei Auflagerung auf Mauerwerk mindestens bis in die Hälfte der Mauer eingreifen. Die Entfernung der Auflagermitten ist für die Berechnung der Biegungsmomente und Querkräfte als Stützweite anzunehmen.

Die normale Länge eines Auflagers ist mit 5% der Lichtweite festgelegt. Ist sie kleiner, so ist die Sicherheit des Auflagers mit der Formel:

$$(8) \qquad \sigma = \frac{\text{Auflagerdruck}}{\text{Auflagerfläche}}$$

nachzuweisen.

Der Ausdruck „allfällige Einspannung" bezieht sich hauptsächlich auf die Einspannung im Mauerwerk; bei Ziffer 10 ist diese wichtige statische Frage besprochen.

Durchlaufende Träger

10. **Momente durchlaufender Balken** sind im allgemeinen nach den Regeln für frei drehbar gelagerte durchlaufende Träger zu ermitteln.

Der an den Auflagern frei drehbar gelagerte Durchlaufträger hat als Zweifeldbalken besondere Bedeutung, da unsere Bauten überwiegend mit zwei Hauptmauern und einer Mittelmauer konstruiert sind. Seltener ist der Dreifeldbalken bei Anordnungen mit zwei Mittelmauern mit zwei langen Endfeldern und einen kleinen Mittelfeld. Ferner tritt sehr oft im Industriebau der vielfeldrige Balken mit gleichen Stützweiten als Längsunterzug an Stelle der Mittelmauer auf.

a) **Negative Feldmomente.** Bei durchlaufenden Platten- und Rippenbalken im Hochbau, die mit Unterzügen und Säulen fest verbunden sind, brauchen die negativen Feldmomente aus veränderlicher Belastung nur mit $^2/_3$ ihres Wertes berücksichtigt zu werden.

Im Falle gleicher oder um höchstens 20 v. H. ungleicher

Stützweiten (bezogen auf die größere Weite) dürfen bei Platten- und Rippenbalken die negativen Feldmomente eines entlasteten Feldes angenommen werden zu

$$\min. M = \frac{1}{24}\left(g - \frac{2}{3}p\right)l^2 \tag{15}$$

Sind in Hochbauten Plattenbalken mit den Unterzügen und diese mit den Säulen verbunden, so entsteht eigentlich schon eine Rahmenkonstruktion.

Die negativen Feldmomente werden in Berücksichtigung der Einspannung ähnlich wie bei den Platten abgemindert, hier aber nur auf zwei Drittel des Wertes der sich für die Verkehrslast aus der Berechnung nach der Theorie für den auf den Stützen frei drehbar gelagerten Durchlaufträger ergibt. Diese Abminderung bewirkt Ersparnisse an den Kappeneisen. Sie gilt nicht für Träger mit Rechteckquerschnitt.

Die negativen Feldmomente verlangen, wenn sie größer sind, eine durchgehende obere Bewehrung. Da der Beton einer Zugspannung von 5 bis 8 kg sicher widersteht, so kann mit Hilfe der Gleichungen S. 32 ermittelt werden, bis zu welchen Biegungsmoment man bei einem gegebenen Betonquerschnitt ohne eine obere Bewehrung, die ziemlich unbequem ist, auskommt.

b) Mindestwert für positive Feldmomente. Ergibt sich auf Grund der für durchlaufende Tragwerke geltenden Beziehungen für das größte positive Feldmoment ein kleinerer Wert als bei voller beiderseitiger Einspannung, so ist der Bemessung der für beiderseitige volle Einspannung geltende Wert des Feldmomentes zugrunde zu legen.

b) Das positive Feldmoment darf nicht kleiner sein, als das für die gleiche Belastung bei voller Einspannung geltende, so daß eine Übereinspannung, wie sie bei Ausführungen nach Abb. 27 eintreten kann, nicht in Frage kommt.

c) Einspannung. Ist bei Hochbauten die Stützendicke, gemessen in der Richtung der Stützweite, gleich oder größer als der fünfte Teil der Stockwerkhöhe oder Stützweite, so sind durchgehend ausgebildete Balken nicht mehr als durchlaufend, sondern als an der Stütze voll eingespannt zu berechnen. Hiebei ist vorauszusetzen, daß die Balken mit der Stütze biegefest verbunden sind oder daß eine entsprechende Auflast an den Stützen vorhanden ist. Als Stützweite ist dabei die um 5 v. H. vergrößerte Lichtweite zu rechnen.

c) Bei Hochbauten ist die Annahme einer vollen oder starren Einspannung, bei der die Auflager als vollkommen unbeweglich vorausgesetzt werden, an die obigen Bedingungen geknüpft. Bei einer Stützweite von 5 m und einer Stockwerkshöhe von 3 m muß die entsprechende Dicke von Eisenbetonstützen 60 cm sein, damit die Bedingung $d = h/5$ erfüllt ist, während die Bedingung $d = l/5$ nicht in Frage kommt.

An einer vollen Einspannung hat man eigentlich bei den gewöhnlichen Ausführungen kein besonderes Interesse. Will man durch bloßes Aufbiegen der Feldbewehrung auskommen, so muß man Schrägen anordnen. Eine teilweise Einspannung ist viel erwünschter und diese ist es auch, die bei Auflagerung im Mauerwerk auftritt. Will man aber sicher gehen, so muß man den eventuell auftretenden ungünstigsten Verhältnissen Rechnung tragen. Es darf daher für die Feldmitte keine Momentenverminderung infolge Einspannung angenommen werden, während man für die Trägerenden ein möglicherweise auftretendes Einspannungsmoment voraussetzen muß. Da man aber aus finanziellen Gründen auf die Verminderung des größten Feldmomentes durch die Einspannung in den Auflagern nicht verzichten will, so begnügt man sich oft mit sehr willkürlichen Schätzungen und greift dabei oft sehr kräftig daneben.

Sehr häufig wird zur Kennzeichnung der Einspannung der Begriff des Einspannungsgrades verwendet. Sind bei einem Trägerfeld die Momente über den Auflagern M_1 und M_2, und bezeichnet $M_{1,v}$ und $M_{2,v}$ die Auflagermomente bei voller Einspannung, so ist der Einspannungsgrad η

$$(9) \qquad \eta = \frac{M_1 + M_2}{M_{1,v} + M_{2,v}}$$

Derselbe schwankt normaler Weise zwischen 0 und 1. Wird

$$\eta > 1,$$

was bei Durchlaufträgern vorkommen kann, so spricht man von einer Übereinspannung. In diesem Fall ist für die positiven Feldmomente mit $\eta = 1$ zu rechnen.

Bezeichnet $\mathfrak{M}_m$ das Mittelmoment des freigelagerten Trägers und $M_{m,v}$ das Mittelmoment des voll eingespannten Trägers, so errechnet sich das Mittelmoment M_m des mit dem Einspannungsgrad η eingespannten Trägers zu

$$(10) \qquad M_m = \eta\, M_{m,v} + \mathfrak{M}_m\,(1 - \eta)$$

Beispiel für die verschiedenen Einspannungsgrade bei Gleichlast q

$$\eta = 1 : M_{1,v} = M_{2,v} = -\frac{q\,l^2}{12}; \quad M_{m,v} = \frac{q\,l^2}{24}; \quad \eta = 0 : \mathfrak{M}_m = \frac{q\,l^2}{8}.$$

Bei symmetrisch gleicher Einspannung ist für:

$$\eta = \frac{1}{4}, \quad M_1 = M_2 = -\frac{q\,l^2}{48}, \quad M_m = \frac{5\,q\,l^2}{48}.$$

$$\eta = \frac{1}{2}, \quad M_1 = M_2 = -\frac{q\,l^2}{24}, \quad M_m = \frac{q\,l^2}{12}.$$

$$\eta = \frac{3}{4}, \quad M_1 = M_2 = -\frac{q\,l^2}{16}, \quad M_m = \frac{q\,l^2}{16}.$$

Beispiel für die verschiedenen Einspanngrade für eine Einzellast P in Feldmitte

$$\eta = 1 : M_{1,v} = M_{2,v} = -\frac{P\,l}{8}; \quad M_{m,v} = \frac{P\,l}{8}; \quad \eta = 0 : \mathfrak{M}_m = \frac{P\,l}{4}.$$

Bei symmetrisch gleicher Einspannung ist für:

$$\eta = \frac{1}{4}, \quad M_1 = M_2 = -\frac{P\,l}{32}, \quad M_m = \frac{7\,P\,l}{32}.$$

$$\eta = \frac{1}{2}, \quad M_1 = M_2 = -\frac{P\,l}{16}, \quad M_m = \frac{3\,P\,l}{16}.$$

$$\eta = \frac{3}{4}, \quad M_1 = M_2 = -\frac{3\,P\,l}{32}, \quad M_m = \frac{5\,P\,l}{32}.$$

11. **Querkräfte.** Die zur Ermittlung der Schub- und Haftspannungen maßgebenden Querkräfte durchlaufender Balken dürfen bei Hochbauten mit überwiegend ruhenden Lasten für Vollbelastung aller Felder bestimmt werden. Ebenso genügt die Annahme der Vollbelastung zur Bestimmung der Querkräfte für beiderseits frei gelagerte Balken. Dagegen sind rollende Lasten in jeweils ungünstigster Stellung vorzusehen. Bei Durchfahrten, Hofunterkellerungen, Brücken und ähnlichen Bauwerken sind die Verkehrslasten streckenweise anzunehmen, wenn sich dadurch Größtwerte der Querkräfte ergeben.

Laut Formeln 17 und 18 sind die Schub- und Haftspannungen in einem Querschnitt direkt proportional der Querkraft an der betreffenden Stelle. Bei Änderung der Lastanordnung, z. B. bei wandernden Streckenlasten, ändern sich natürlich auch die Querkräfte. Vorliegende Bestimmung geht von der Annahme aus, daß man sich bei der Berechnung der Schrägstähle und Bügel des Querkraftdiagrammes bedient und soll damit das mehrmalige Aufzeichnen desselben für verschiedene Lastanordnungen erspart werden. Der gewöhnliche Weg ist daher der, daß man sich durch Ausrechnen der Fläche des Querkraftdiagrammes über eine gewisse Länge des Balkens die ganze Schubkraft auf dieser Länge bestimmt und durch Aufteilung derselben die Schrägstahl- und Bügelstärken festlegt. Dieser Weg, der den Vorzug der Anschaulichkeit und großer Genauigkeit besitzt, ist für die Praxis aber zu umständlich. Man benützt zweckmäßig gleich die Momentlinie selbst und erspart nicht nur das Aufzeichnen der Querkraftlinien, sondern sieht auch aus den Momentlinien sofort, welche Belastung man zur Ermittlung der größten Schubkräfte zugrunde legen muß und wie die Schrägstähle und Bügel auszuteilen sind (vgl. 97).

12. **Stützkräfte von Durchlaufbalken.** Bei Ermittlung der Last, die von Balken auf Mauern, Hauptunterzüge oder Säulen übertragen wird, dürfen im Hochbau die Stetigkeitsfolgen vernachlässigt werden. Die Stützkräfte können unter der Annahme frei aufliegender, über allen Innenstützen gestoßener Balken ermittelt werden.

Vgl. hiezu Ziffer 15 dieses Paragraphen.

Plattenbalkendecke

13. **Plattendicke und Plattenbreite.** Die in Rechnung zu stellende zulässige Breite b der Druckplatte ist:

a) bei beiderseitigen Plattenbalken nach Abb. 8

$$b = 12\,d + b_o + 2\,b_s$$

und nicht größer als der Abstand der Feldmitten und als die halbe Balkenstützweite,

b) bei einseitigen Plattenbalken nach Abb. 9

$$b = 4,5\,d + b_1 + b_s$$

und nicht größer als die halbe lichte Rippenentfernung $+\dfrac{b_o}{2}$

und als ein Viertel der Balkenstützweite.

Der Plattenanlauf darf mit keiner flacheren Neigung als 1 : 3 und seine Länge b_s mit höchstens $3\,d$ in Rechnung gestellt werden.

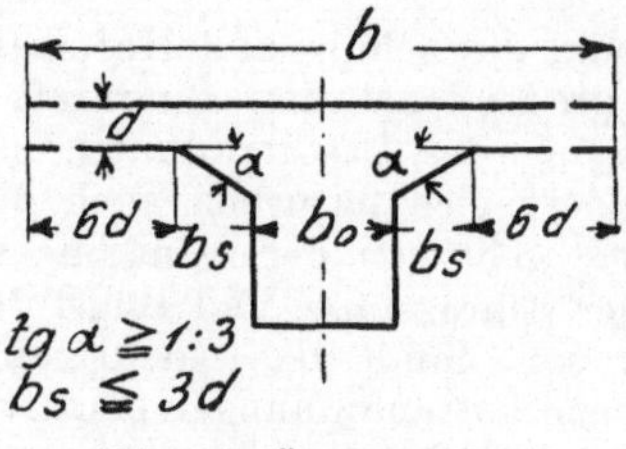

Abb. 41. (Önorm Abb. 8) 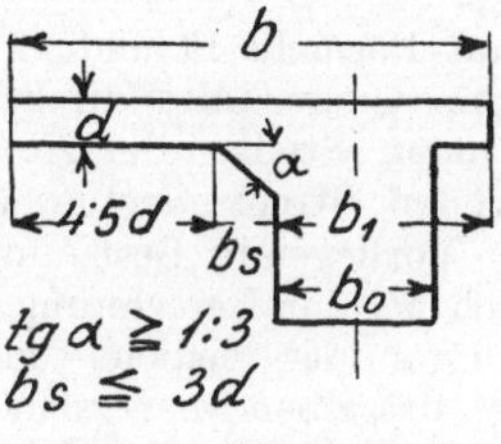   Abb. 42. (Önorm Abb. 9)

Durch das Aussparen breiter Plattenteile an der Unterseite entsteht bekanntlich die Plattenbalkendecke. Je höher und breiter diese Aussparung ist, desto mehr weicht deren statisches Verhalten von jenem der vollen Platte ab. Wenn nur von der Zugzone der Platte ausgespart wird, die Aussparung also höchstens bis zur Nulllinie reicht, so kann man so rechnen, als ob eine volle Platte vorhanden wäre; denn die Zugzone wird auch bei der Berechnung der vollen Platte vernachlässigt. Man spricht in diesem Falle von einem rechnungsmäßigen Rechteckquerschnitt; für diesen ist nach § 19, Ziffer 4, eine höhere Druckspannung zulässig. Die Bedingung für den rechnungsmäßigen Rechteckquerschnitt kann auch in die Formel: $x \leq d$ gefaßt werden. Fallen bei der Aussparung auch Teile der Druckzone fort, so entsteht der eigentliche Plattenbalkenquerschnitt. Hiefür gilt: $x > d$. Überschreitet die Aussparung die angegebenen Breitenmaße, so wird der Zusammenhang der einzelnen Rippen zu sehr geschwächt. Wird daher die Rippenteilung t größer als b, dann löst sich die Plattenbalkendecke in einzelne Plattenbalken auf. Ist t kleiner als b, so kann man sich die Plattenbalkendecke aus nebeneinander gelegten einzelnen Plattenbalken zusammengeschlossen denken. Die Breite eines jeden Plattenbalkens ist dann die Entfernung der Mittel der anschließenden Felder.

Durch die voranstehenden Festlegungen muß man vier verschiedene Typen von Plattenbalkendecken unterscheiden (Abb. 43 bis 46):

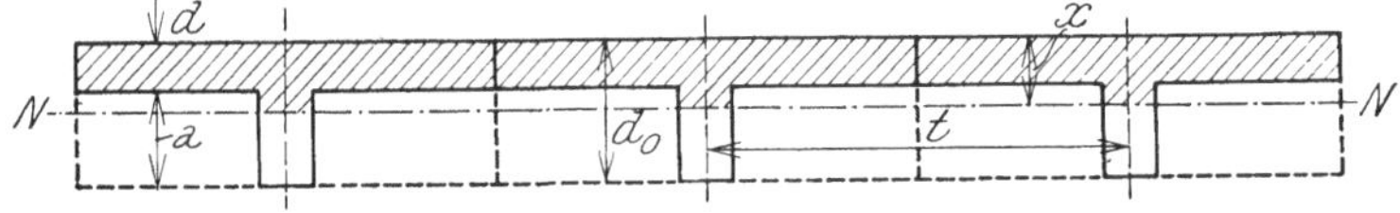

Abb. 43. Plattenbalkendecke mit rechnungsmäßigem Plattenquerschnitt

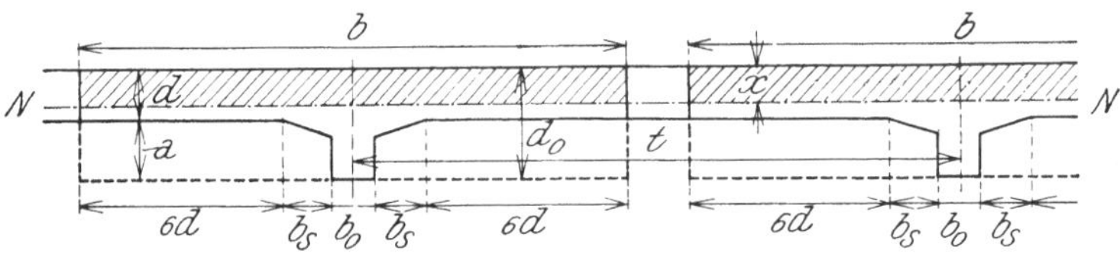

Abb. 44. Plattenbalkendecke aus rechnungsmäßigen Plattenstreifen

Abb. 45. Geschlossene Plattenbalkendecke

1. Plattenbalkendecke mit rechnungsmäßigen Rechteck- oder Plattenquerschnitt.

2. Plattenbalkendecke, aus Plattenstreifen bestehend, oder aufgelöste Platte.

3. Geschlossene Plattenbalkendecke oder Plattenbalken Mann an Mann.

4. Aufgelöste Plattenbalkendecke.

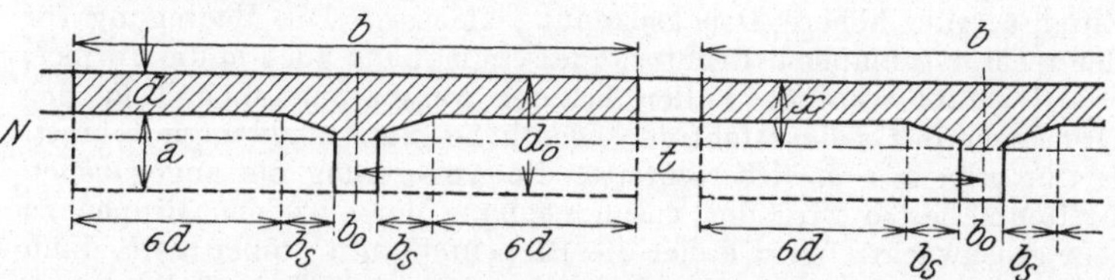

Abb. 46. Aufgelöste Plattenbalkendecke

Für den rechnungsmäßigen Rechteckquerschnitt errechnet sich der Nullinienabstand x zu:

$$x = \frac{15\,F_e}{b}\left(\sqrt{1 + \frac{2\,b\,h}{15\,F_e}} - 1\right)$$

Für den eigentlichen Plattenbalkenquerschnitt unter Vernachlässigung der Druckspannungen in der Rippe:

$$x = \frac{d}{2} + \frac{h - \dfrac{d}{2}}{\dfrac{b\,d}{15\,F_c} + 1}$$

D. Säulen und Rahmen

Näherungsberechnung für Hochbauten

14. Eisenbetonsäulen in fester Verbindung mit Balken sind im allgemeinen auf Biegung zu untersuchen.

Bei den üblichen Hochbauten brauchen die Innensäulen, die mit Eisenbetonbalken biegefest verbunden sind, in der Regel nur auf mittigen Druck berechnet zu werden. In Randsäulen solcher Tragwerke jedoch sind, wenn keine genaue Berechnung der Rahmenwirkung angestellt wird, die Biegemomente am Kopf und am Fuß Abb. 47 (Önorm Abb. 10) mit Hilfe der Gleichungen

$$M_u = -\frac{q\,l^2}{12} \cdot \frac{c_u}{1 + c_u + c_o}$$

$$M_o = +\frac{q\,l^2}{12} \cdot \frac{c_o}{1 + c_u + c_o}$$

(16)

zu bestimmen. Hiebei ist

$$c_o = \frac{l}{h_o} \cdot \frac{J_o}{J_b}, \quad c_u = \frac{l}{h_u} \cdot \frac{J_u}{J_b}$$

J_b das Trägheitsmoment des Balkens oder Plattenbalkens 17, Ziffer 1), J_o das Trägheitsmoment des oberen, J_u jenes (§ des unteren Säulenquerschnittes.

Werden die Balken entsprechend § 17, Ziffer 10, als frei drehbar gelagerte, durchlaufende Träger berechnet, die Momente in den Randsäulen jedoch nach den Gleichungen (16) bestimmt, so dürfen die positiven Momente der Endfelder um den Wert

$$\frac{1}{2}(M_o - M_u) =$$
$$= \frac{q\,l^2}{24} \cdot \frac{c_u + c_o}{1 + c_u + c_o}$$

vermindert werden.

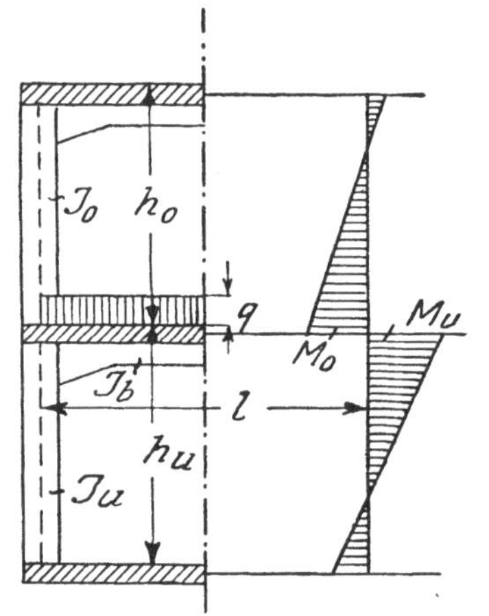

Abb. 47. (Önorm Abb. 10)

Übliche Hochbauten sind solche, bei denen die Raumtiefen unter 6,50 m bleiben und das Verhältnis der Halbtrakttiefen zueinander nicht größer als 1,25, bzw. nicht kleiner als 0,8 ist, bei denen ferner die Raumhöhen nicht über 5 m und das Verhältnis von Eigengewicht zur Verkehrslast zwischen $^2/_3$ und $^1/_2$ liegt. Für diese brauchen nur die Randsäulen auf Biegung gerechnet werden. Die Innensäulen können als mittig belastet aufgefaßt, müssen aber selbstverständlich als Eisenbetonsäulen mit der in § 14, Ziffer 10, genannten Mindestbewehrung ausgeführt werden, dürfen also auf keinen Fall bloße Stampfbetonsäulen sein.

Ist eine Stütze durch das Kopfmoment M_k und das Fußmoment M_f beansprucht, so ist die auf Stützenhöhe h gleichmäßig verteilte Querkraft Q

$$(11). \qquad Q = \frac{M_k - M_f}{l}$$

Die aus ihr resultierende Schubkraft wird zweckmäßigerweise durch Bügel gedeckt.

Für die Berechnung der Träger ist die Bestimmung in Z. 10 b besonders zu beachten.

Beispiel zur Nährungsrechnung von Randsäulen

Der in Abb. 58 dargestellte Durchlaufträger hat für freie Auflagerung an der Stütze (1) die in Abb. 58d gezeichnete Momentenverteilung. Wie ändert sich diese im Feld l_1, wenn anstatt der 45 cm starken Ziegelmauer in Weißkalkmörtel die Rippe in eine Eisenbetonsäule eingespannt wird, die einen Querschnitt von 45/45 und eine obere und untere Geschoßhöhe von 3,00 m besitzt?

In Formel (16) ist zu setzen:

$$J_b = 0,17 \cdot 1,6 \cdot 3,2^3 = 8{\cdot}9 \; dm^4; \quad J_o = J_u = \frac{4,5^4}{12} = 34,2 \; dm^4;$$

$$c_o = c_u = \frac{5,84}{3,00} \cdot \frac{34,2}{8,9} = 7,48.$$

woraus folgt:

$$M_o = - M_u = \frac{1,2 \cdot 5,84^2}{12} \cdot \frac{7,48}{1 + 2 \cdot 7,48} = 1,59 \; tm.$$

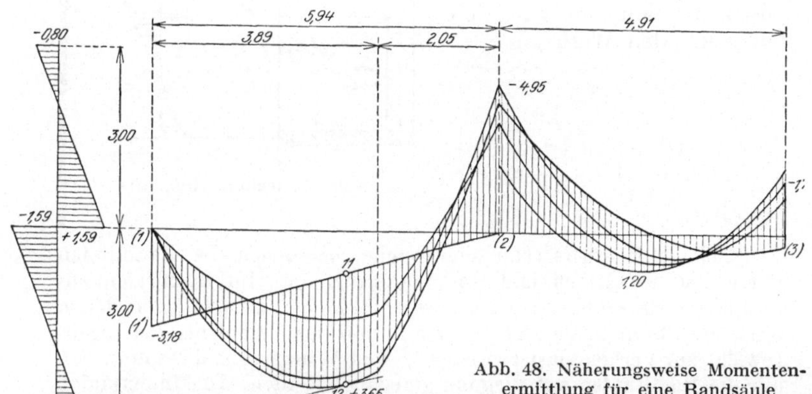

Abb. 48. Näherungsweise Momentenermittlung für eine Randsäule

Zur Feststellung der Verminderung der positiven Feldmomente trägt man in Abb. 48 den Wert

$$M_o - M_u = 2 \cdot 1,59 = 3,18 \, tm$$

von der Momentenbezugslinie aus ab und erhält die neue Momentenbezugslinie 1 — 2. Durch die Einspannwirkung der Säule vermindert sich das Feldmoment von 5,17 auf 3,65 tm. Auch hier ist die Bestimmung Ziffer 10c zu beachten.

Stützkräfte in Hochbauten

15. In Hochbauten dürfen die Stützkräfte zur Bemessung der Säulenquerschnitte und der Fundamente ermittelt werden unter Annahme beiderseits frei aufliegender Platten und

Balken, so daß Zuschläge für Stetigkeit und wechselweise Feldbelastung nicht in Rechnung gestellt zu werden brauchen.

Durch diese Erleichterung ist es möglich, die Stützen und Fundamente unabhängig von den Verhältnissen der Trägheitsmomente der einzelnen Geschoßdecken zu dimensionieren. Nach Ziffer 14 ist nämlich auch bei Randstützen das Fußmoment der Stütze, die über der Geschoßdecke steht und das Kopfmoment der Stütze, auf der die Geschoßdecke aufliegt, näherungsweise nur vom Trägheitsmoment des anschließenden Feldes abhängig.

Näherungsberechnung von Rahmen

Die Berechnung des aus vielen Zellen bestehenden Rahmens kann näherungsweise durch Zerschneidung desselben in einfachere und daher leichter zu berechnende Gebilde erfolgen. Dabei wird man zweckmäßig so vorgehen, daß man für einen Stab nur die Wirkung der unmittelbar an ihn anschließenden Stäbe berücksichtigt. Aus dem in Abb. 49 dargestellten Rahmen denke man sich nur die voll gezeichneten Stäbe 1—2, 2—3, 3—4, 2—5, 2—6, 3—7 und 3—8 herausgeschnitten und die Stabenden 1 bis 8 je nach Ausführung eingespannt oder gelenkig gelagert. Wird von diesem Rahmenausschnitt nur das Feld 2—3 belastet, so gelten die einfachen Gleichungen (12). Man erhält aus diesen die in Abb. 49 b, dargestellte Momentenverteilung.

Bezeichnet hiezu: J_0 ein Vergleichsträgheitsmoment, l_0 eine Vergleichslänge und h_0 eine Vergleichshöhe, so ist:

$$c_{1,2} = \frac{J_0}{J_{1,2}} \cdot \frac{l_{1,2}}{l_0}, \qquad c_{2,3} = \frac{J_0}{J_{2,3}} \cdot \frac{l_{2,3}}{l_0}, \qquad c_{3,4} = \frac{J_0}{J_{3,4}} \cdot \frac{l_{3,4}}{l_0}$$

$$c_{2,5} = \frac{J_0}{J_{2,5}} \cdot \frac{h_{2,5}}{h_0} \qquad\qquad c_{2,6} = \frac{J_0}{J_{2,6}} \cdot \frac{h_{2,6}}{h_0}$$

$$c_{3,7} = \frac{J_0}{J_{3,7}} \cdot \frac{h_{3,7}}{h_0} \qquad\qquad c_{3,8} = \frac{J_0}{J_{3,8}} \cdot \frac{h_{3,8}}{h_0}$$

und es gilt bei der Gleichlast $q_{2,3}$ am Stab 2—3 für die Rahmenecke 2:

$$M_{2a} + M_{2d} - M_{2b} - M_{2c} \dots\dots\dots\dots\dots\dots = 0$$

den Stabzug 1—2—5:

$$c_{1,2} M_1 + 2c_{1,2} M_{2a} + 2c_{2,5} M_{2c} + c_{2,5} M_5 \dots\dots\dots = 0$$

den Stabzug 1—2—6:

$$c_{1,2} M_1 + 2c_{1,2} M_{2a} - 2c_{2,6} M_{2d} - c_{2,6} M_6 \dots\dots\dots = 0$$

den Stabzug 1—2—3:

$$c_{1,2} M_1 + 2c_{1,2} M_{2a} + 2c_{2,3} M_{2b} + c_{2,3} M_{3a} + \frac{1}{4} c_{2,3} q_{2,3} l^2_{2,3} = 0$$

$$\left. \right\} (12)$$

Weitere vier Gleichungen von ähnlicher Bauart beschreiben die rechte Hälfte.

Für volle Einspannung in den Anschlußpunkten 1, 4, 5 bis 8 gelten die Beziehungen:

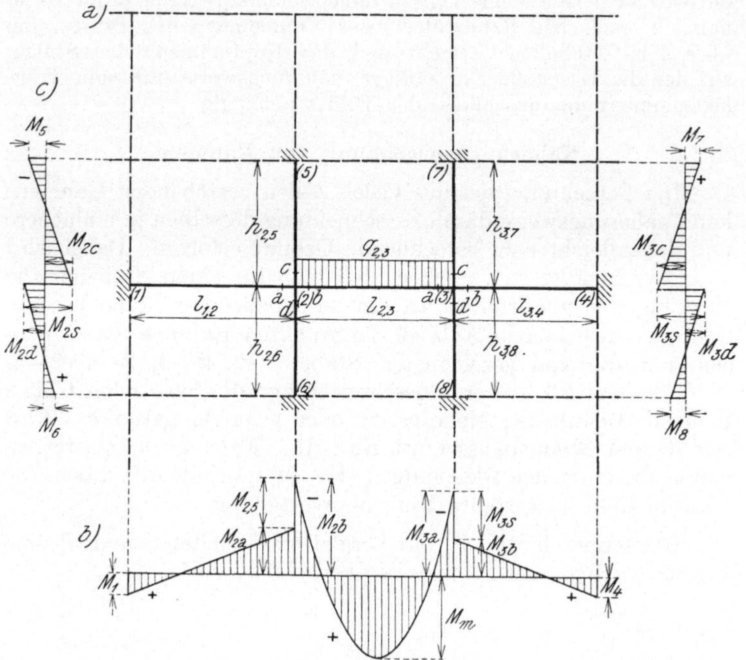

Abb. 49. Rahmenausschnitt zur Näherungsbezeichnung von hochunbestimmten Rahmen

$$(13) \quad \begin{cases} M_1 = -\dfrac{1}{2} M_{2a}, \quad M_4 = -\dfrac{1}{2} M_{3b}, \quad M_5 = -\dfrac{1}{2} M_{2c} \\[2mm] M_6 = -\dfrac{1}{2} M_{2d}, \quad M_7 = -\dfrac{1}{2} M_{3c}, \quad M_8 = -\dfrac{1}{2} M_{3d} \end{cases}$$

Für gelenkige Lagerung in diesen Punkten sind die entsprechenden Momente gleich Null zu setzen.

Setzt man zur Vereinfachung:

$$(14) \quad \begin{cases} u_2 = \dfrac{1}{c_{1,2}} + \dfrac{1}{c_{2,5}} + \dfrac{1}{c_{2,6}} \\[2mm] u_3 = \dfrac{1}{c_{3,4}} + \dfrac{1}{c_{3,7}} + \dfrac{1}{c_{3,8}} \end{cases}$$

so gilt bei Einspannung aller Anschlußpunkte:

$$\left(\frac{1,5}{c_{2,3}\,u_2} + 2\right) M_{2b} + M_{3a} + \frac{1}{4}\,q_{2,3}\,l_{2,3}{}^2 = 0 \\ M_{2b} + \left(\frac{1,5}{c_{2,3}\,u_3} + 2\right) M_{3a} + \frac{1}{4}\,q_{2,3}\,l_{2,3}{}^2 = 0 \quad\Bigg\} \quad (15)$$

Dagegen bei gelenkiger Lagerung derselben

$$\left(\frac{2}{c_{2,3}\,u_2} + 2\right) M_{2b} + M_{3a} + \frac{1}{4}\,q_{2,3}\,l_{2,3}{}^2 = 0 \\ M_{2b} + \left(\frac{2}{c_{2,3}\,u_3} + 2\right) M_{3a} + \frac{1}{4}\,q_{2,3}\,l_{2,3}{}^2 = 0 \quad\Bigg\} \quad (16)$$

Aus einem der Gleichungspaare 15 oder 16 ergeben sich die Momente M_{2b} und M_{3a}. Die übrigen Knotenmomente folgen in beiden Fällen aus den Beziehungen:

$$M_{2a} = + \frac{M_{2b}}{c_{1,2}\,u_2}, \quad M_{2c} = - \frac{M_{2b}}{c_{2,5}\,u_2}, \quad M_{2d} = + \frac{M_{2b}}{c_{2,6}\,u_2} \\ M_{3b} = - \frac{M_{3a}}{c_{3,4}\,u_3}, \quad M_{3c} = - \frac{M_{3a}}{c_{3,7}\,u_3}, \quad M_{3d} = - \frac{M_{3a}}{c_{3,8}\,u_3} \quad\Bigg\} \quad (17)$$

Sind einige der Punkte 1, 4, 5, 6, 7, 8 eingespannt, die anderen gelenkig gelagert, so gelten diese einfachen Beziehungen nicht mehr, sondern es müssen die zu Beginn aufgestellten Gleichungen (12) herangezogen werden.

Bei der Berechnung von Randfeldern rückt der Rahmenausschnitt über den Rand des vielzelligen Rahmens. Die Gleichungen bleiben dieselben, nur ist für jeden fehlenden Stab dessen Trägheitsmoment $J = 0$ zu setzen. Abb. 50 a und b.

Die Formel (16) der Bestimmungen folgt aus den Gleichungen (15) und (17), wenn man setzt:

$$c_{1,2} = c_{3,7} = c_{3,8} = c_{3,4} = 0 \\ c_{2,3} = 1, \quad \frac{1}{c_{2,5}} = c_o, \quad \frac{1}{c_{2,6}} = c_u \quad\Bigg\} \quad (18)$$

Hieraus ergibt sich:

$$u_2 = c_o + c_u, \quad u_3 = \infty \quad\quad (19)$$

Gleichungen (15) gehen über in:

$$\left(\frac{1,5}{u_2} + 2\right) M_{2b} + M_{3a} = - \frac{q l^2}{4} \\ M_{2b} \quad + \quad 2\,M_{3a} = - \frac{q l^2}{4} \quad\Bigg\} \quad (20)$$

Aus diesen errechnet sich:

$$(21) \qquad M_{2b} = - \frac{ql^2}{12} \cdot \frac{u_2}{u_2 + 1}$$

Nach Gleichung (17) ist:

$$(22) \quad \begin{cases} M_{2c} = M_o = - M_{2b} \cdot \dfrac{c_o}{u_2} = + \dfrac{ql^2}{12} \cdot \dfrac{c_o}{c_o + c_u + 1} \\[2ex] M_{2d} = M_u = + M_{2b} \cdot \dfrac{c_u}{u_2} = - \dfrac{ql^2}{12} \cdot \dfrac{c_u}{c_o + c_u + 1} \end{cases}$$

Gleichungen (2) und (4) liefern die Eckmomente nur für den Fall, daß das Feld 2—3 mit einer Gleichlast $q_{2,3}$ per m belastet ist. Um die ungünstigsten Beanspruchungen zu ermitteln, muß man laut Abb. 51 die durch eine gleiche Zahl von Strichen gekennzeichneten Rahmenausschnitte, z. B. 1′ bis 8′, 1″ bis 8″ usw., entsprechend belasten und die erhaltenen Teilmomente algebraisch summieren.

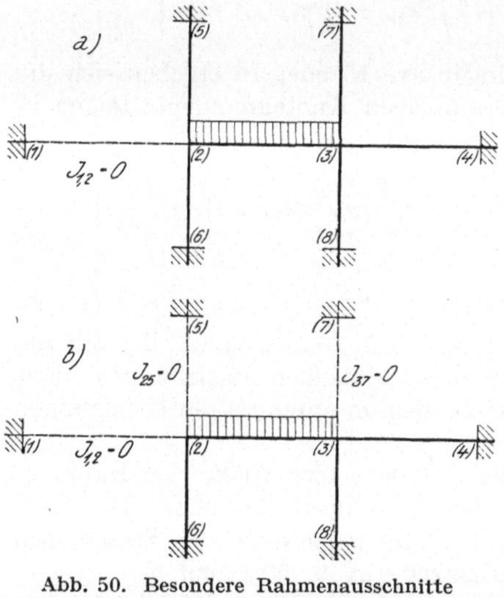

Bezeichnet der Buchstabe q die Belastung durch Vollast und g durch Eigengewicht, so erhält man für das Feld $J—K$ aus folgenden Formeln die größten Eckmomente:

Abb. 50. Besondere Rahmenausschnitte

$$(23) \quad \begin{cases} M_{J,\,b,\,\max} = M'_{3\,b,\,q} + M''_{2\,b,\,q} + M'''_{1\,b,\,g} \\[1ex] M_{K,\,a,\,\max} = M'_{4\,a,\,g} + M''_{3\,a,\,q} + M'''_{2\,a,\,q} \\[1ex] M_{J,\,c,\,\max} = M'_{2\,c,\,q} + M'_{6\,q} \\[1ex] M_{J,\,d,\,\max} = M'_{2\,d,\,q} + M'_{5\,q} \\[1ex] M_{K,\,c,\,\max} = M'_{3\,c,\,q} + M'_{8\,q} \\[1ex] M_{K,\,d,\,\max} = M'_{3\,d,\,q} + M'_{7\,q} \end{cases}$$

Die zur Ermittlung des größten Feldmomentes $M_{J,\,K,\,\max}$ gehörigen Eckmomente $M_{J,\,b,\,m}$ und $M_{K,\,a,\,m}$, von deren Verbindungslinie die Werte $\mathfrak{M}$ des frei gelagerten Trägers abzutragen sind, ermitteln sich aus:

$$M_{J,b,m} = M'_{3b,g} + M''_{2b,q} + M'''_{1b,g} \ \left.\right\}$$
$$M_{K,a,m} = M'_{4a,g} + M''_{3a,q} + M'''_{2a,g} \quad (24)$$

Für gleiche Feldweiten, wobei aber die Stockwerke verschieden hoch sein können, vereinfachen sich die Gleichungen zu folgenden Beziehungen:

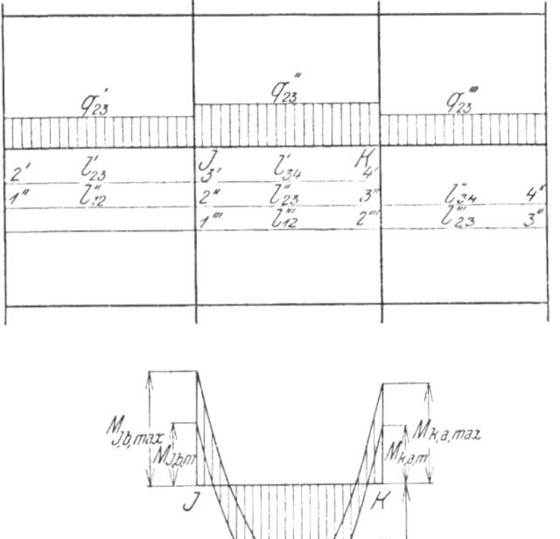

Abb. 51. Übereinanderlagerung der Rahmenausschnitte

$$u = u_2 = u_3 = \frac{1}{c_{1,2}} + \frac{1}{c_{2,5}} + \frac{1}{c_{2,6}} \qquad (25)$$

Setzt man ferner für den Fall, daß in den Punkten 1, 4, 5, 6, 7, 8 Einspannung vorliegt

$$v = u + \frac{1}{2\,c_{2,3}} \qquad (26)$$

und für den Fall gelenkiger Lagerung

$$v = u + \frac{2}{3\,c_{2,3}} \qquad (27)$$

so erhält man:

$$M_{2b} = M_{3a} = -\frac{u}{v} \cdot \frac{q\,l^2}{12}$$
$$M_{2a} = M_{3b} = -\frac{1}{c_{1,2}\,v} \cdot \frac{q\,l^2}{12}$$
$$M_{2c} = -M_{3c} = +\frac{1}{c_{2,5}\,v} \cdot \frac{q\,l^2}{12}$$
$$M_{2d} = -M_{3d} = -\frac{1}{c_{2,6}\,v} \cdot \frac{q\,l^2}{12}$$
$$\left.\right\} \qquad (28)$$

Bildet man die Summe der Teilmomente nach Gleichung (23), so resultiert:

$$(29) \begin{cases} M_{J,\,b,\,\max} = -\,\dfrac{l^2}{12\,v}\left[\left(\dfrac{1}{c_{1,2}}+u\right)q-\dfrac{1}{2\,c_{1,2}}\,g\right] = M_{K,\,a,\,\max} \\[2ex] M_{J,\,c,\,\max} = +\,\dfrac{q\,l^2}{12\,v}\left(\dfrac{1}{c_{2,5}}+\dfrac{1}{2\,c_{2,6}}\right) = -\,M_{K,\,c,\,\max} \\[2ex] M_{J,\,d,\,\max} = -\,\dfrac{q\,l^2}{12\,v}\left(\dfrac{1}{2\,c_{2,5}}+\dfrac{1}{c_{2,6}}\right) = +\,M_{K,\,d,\,\max}. \\[2ex] M_{J,\,b,\,m} = -\,\dfrac{l^2}{12\,v}\left(\dfrac{u}{v}\,q+\dfrac{1}{2\,c_{1,2}}\,g\right) = M_{K,\,a,\,m} \\[2ex] M_{J,\,K,\,\max} = \dfrac{q\,l^2}{8}+M_{J,\,b,\,m} \end{cases}$$

E. Zusammenstellung zur Momentenermittlung

Der freigelagerte Träger

Für diesen werden die Momente bei Einzellasten am genauesten rechnerisch ermittelt. Bei gleichmäßig verteilter Belastung q, Abb. 52, resultiert als Momentenlinie eine Parabel mit dem Scheitelwert $\mathfrak{M}_m = \dfrac{q\,l^2}{8}$, der von der Bezugslinie 01 in einem beliebigen Momentenmaßstab abgetragen wird (Abb. 52 b). Das Aufzeichnen der Kurve selbst geschieht einfach und genügend genau durch die Ermittlung der Punkte 4 und 5 und der Tangenten T_1, T_2, T_3. Im Punkt 2 ist die Tangente T_1 (Scheiteltangente) gleichlaufend mit der Bezugslinie 01. Die Punkte 4 und 5 liegen in $\dfrac{l}{4}$ vom linken, bzw. rechten Auflager entfernt und haben von T_1 den Abstand $\dfrac{\mathfrak{M}_m}{4}$ (Strecke 2—3). Die Schnittpunkte der Tangenten auf der Mittellinie erhält man, indem man für T_2 den Wert $\mathfrak{M}_m$ von Punkt 2 nach unten abträgt (P. 7), während für T_3 der Wert $\dfrac{\mathfrak{M}_m}{4}$ von 2 abzutragen ist (P. 6). Diese Konstruktion bleibt genau die gleiche, wenn die Bezugslinie 01 geneigt ist (Abb. 54c). Die Abb. 52c zeigt den Verlauf der Querkraftlinie. Der Inhalt der schraffierten Querkraftfläche über einen gewissen Trägerabschnitt genommen gibt die Größe des Momentenzuwachses über diese Strecke an. Zum Beispiel ist vom Auflagerpunkt (1) bis zur Mittellinie die Querkraftfläche:

$$F_q = \frac{1}{2}\cdot\frac{q\,l}{2}\cdot\frac{l}{2} = \frac{q\,l^2}{8},$$

und dieses Resultat ist gleich dem Größtmoment oder dem Momentenzuwachs über die linke Trägerhälfte. Abb. 52d zeigt schematisch die Lage der Zugstähle, ohne auf die eventuell erforderlichen Abbiegungen Rücksicht zu nehmen.

Der eingespannte Träger

Auf die Berechnung des freigelagerten Trägers baut sich die der verschiedenen Typen des eingespannten Trägers auf. Die Momente für den freigelagerten Träger bezeichnet man mit deutschem $\mathfrak{M}$. Über diese Momente lagert sich geradlinig die Wirkung der Einspannmomente M_1 und M_2. Sind M_1 und M_2 verschieden, so ist das Moment in der Feldmitte (Mittelmoment) M_m kleiner als das Größtmoment M_{max} und liegt seitlich von diesem. Man erhält es zeichnerisch (Abb. 53), indem man zur Momentenverbindungslinie parallel die Tangente T an die Kurve legt (Berührungspunkt 5). Die Strecke 3—5 stellt dann im Momentenmaßstab M_{max} dar. Rechnerisch erhält man die Lage des Punktes 5 von der Mittellinie mit

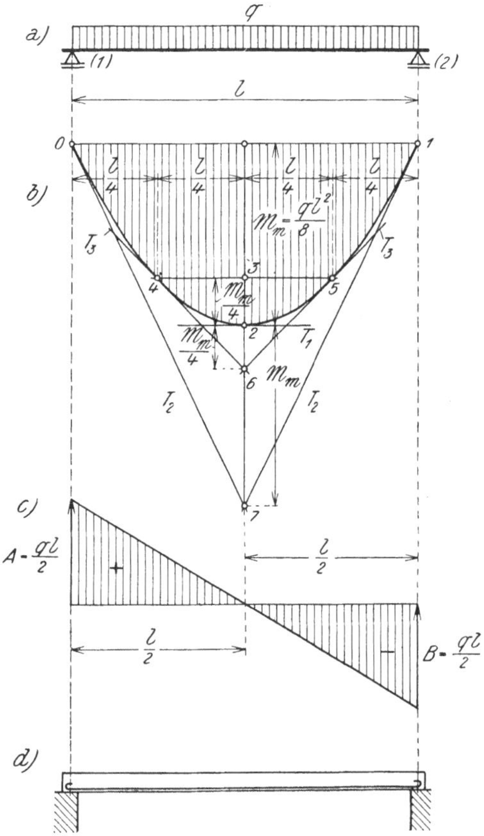

$$x_1 = - \frac{M_1 - M_2}{l\,q} \tag{30}$$

Hiebei zählt x_1 nach links negativ, nach rechts positiv. Setzt man

$$M_{max} = M_m + \triangle M \tag{31}$$

Abb. 52. Freigelagerter Träger

5*

so errechnet sich

$$(32) \qquad \triangle M = \frac{q\,x_1^{\,2}}{2}$$

wobei

$$(33) \qquad M_m = \mathfrak{M}_m + \frac{M_1 + M_2}{2}$$

Die Horizontalentfernungen der Momentennullpunkte 1 und 2 ergeben sich aus

Abb. 53. Ermittlung von M_{max} bei ungleicher Einspannung

$$(34) \qquad n = \sqrt{\frac{8\,M_{max}}{q}}$$

und liegen 1 u. 2 symmetrisch zum Punkt 3, so daß $\overline{1-3} = \overline{2-3}$.

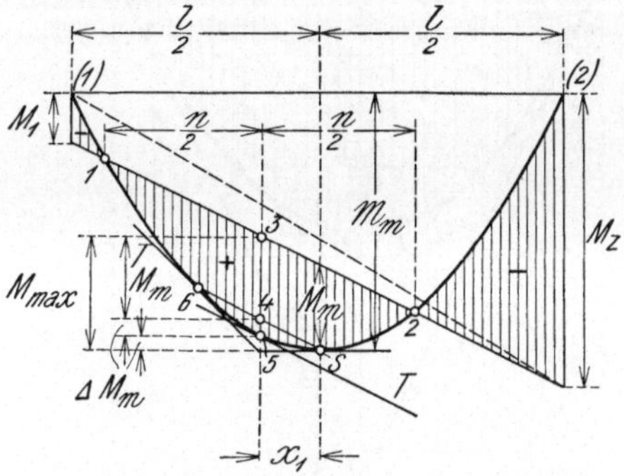

Der Auflagerdruck A an der Stütze (1) ist

$$(35) \qquad A = \mathfrak{A} - \frac{M_1 - M_2}{l}$$

Der Auflagerdruck B an der Stütze (2) ist

$$(36) \qquad B = \mathfrak{B} + \frac{M_1 - M_2}{l}$$

$\mathfrak{A}$ und $\mathfrak{B}$ sind die Auflagerdrücke des entsprechenden freigelagerten Trägers.

Die Ermittlung der Einspannmomente erfolgt aus den Bedingungen der Auflagerbeweglichkeit. Ist das Auflager unbeweglich oder wirkt es der Verdrehung mit gleicher Kraft entgegen, so erhält man den voll eingespannten Träger. Ist dieses nicht der Fall, so liegt elastische Einspannung vor.

Bei der Berechnung der Einspannungsmomente bedient man sich zweckmäßig der Hilfsgrößen m_1 und m_2.

Für eine Gleichlast q ist

$$(37) \qquad m_1 = m_2 = \frac{q\,l^2}{24}$$

Für eine Einzellast P mit dem Abstand x von der Stütze (1) und y von der Stütze (2) ist

$$(38) \qquad m_1 = \frac{P\,y}{6}\left(1 - \frac{y^2}{l^2}\right); \quad m_2 = \frac{P\,x}{6}\left(1 - \frac{x^2}{l^2}\right)$$

Wirken mehrere Einzellasten, so sind die verschiedenen m-Werte derselben einfach zu summieren.

Der einseitig starr eingespannte Träger

Ist der Träger über der Stütze (1) eingespannt, so berechnet sich das Einspannmoment aus

$$M_1 = -\,3\,m_1 \quad (39)$$

Ist der Träger an der Stütze (2) eingespannt, so ist

$$M_2 = -\,3\,m_2 \quad (40)$$

Bei Gleichlast q ergibt sich für den in Abb. 54 dargestellten Fall

$$M_1 = -\,\frac{q\,l^2}{8}.$$

Der Abstand des Größtmomentes M_{max} von der Mittellinie ist

$$x_1 = \frac{l}{8}$$

woraus

$$M_{max} = \frac{q\,l^2}{8} - \frac{q\,l^2}{16} +$$
$$+\,\frac{q\,l^2}{2 \times 64} = \frac{9}{128}\,q\,l^2$$

und

$$n = \sqrt{\frac{8 \times 9}{128}\,l^2} = \frac{3}{4}\,l.$$

Die Auflagerdrükke sind:

$$A = \frac{q\,l}{2} + \frac{q\,l}{8} = \frac{5}{8}\,q\,l,$$
$$B = \frac{q\,l}{2} - \frac{q\,l}{8} = \frac{3}{8}\,q\,l.$$

Abb. 54 b und c zeigen die zwei verschiedenen Möglichkeiten der Darstellung der Momentenlinie mit geneigter und wagrechter Momentenbezugslinie 0—1.

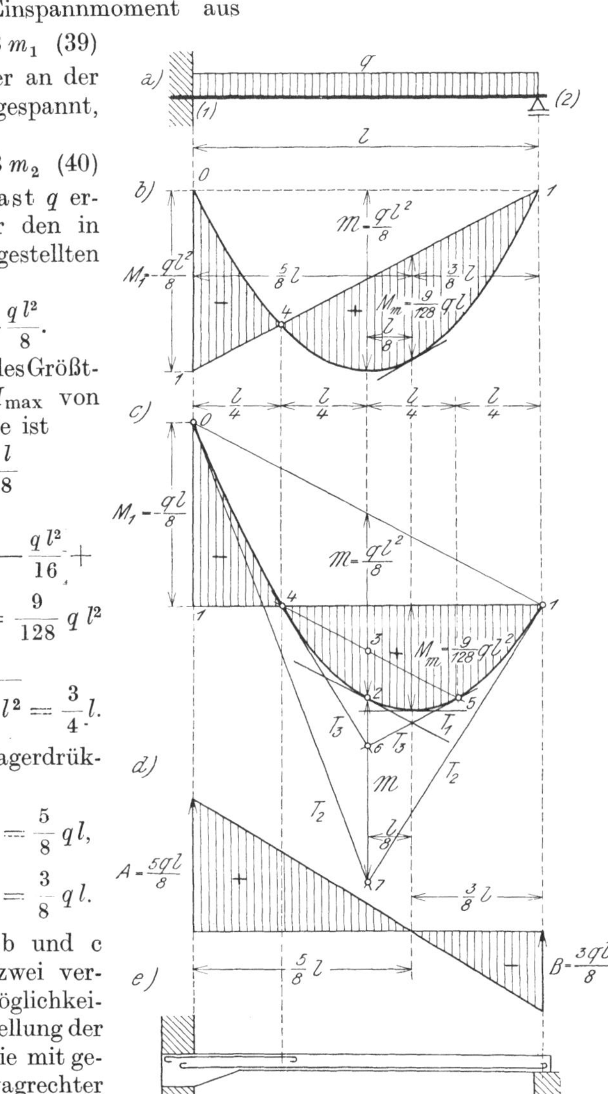

Abb. 54. Einseitig starr eingespannter Träger

Abb. 54d gibt den Verlauf der Querkräfte, Abb. 54e die Lage der Trageisen, ohne Rücksicht auf die Schrägeisen an.

Der beiderseitig voll (starr) eingespannte Träger (Abb. 55)

Die Einspannmomente M_1 und M_2 folgen aus den Gleichungen

$$(41) \qquad \begin{cases} M_1 = -2\,(2\,m_1 - m_2) \\ M_2 = -2\,(2\,m_2 - m_1) \end{cases}$$

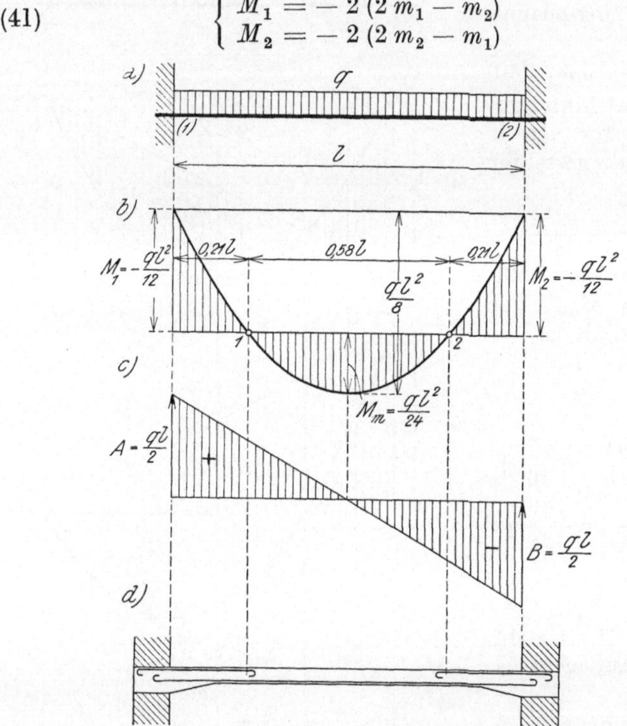

Abb. 55. Beiderseitig starr eingespannter Träger

Bei Gleichlast q über den Träger ist

$$(42) \qquad \begin{cases} m_1 = m_2 = \dfrac{q\,l^2}{24} \\[2mm] M_1 = M_2 = -\dfrac{q\,l^2}{12} \\[2mm] M_{max} = \dfrac{q\,l^2}{24} \\[1mm] n = 0{,}58\,l \\[1mm] A = B = \dfrac{q\,l}{2} \end{cases}$$

Für eine Einzellast P mit den Abständen x und y von den Stützen oder Auflagern (1) und (2) ist

$$M_1 = -\frac{P\,x\,y^2}{l^2}$$
$$M_2 = -\frac{P\,x^2\,y}{l^2} \tag{43}$$
$$M_{\max} = 2P\,\frac{a^2\,b^2}{l^3}$$

Einspannung im Mauerwerk

Eine Einspannung im Mauerwerk stellt sich nur dann ein, wenn auf dem Auflager noch ein genügend schwerer Mauerkörper steht, so daß eine genügende Auflast vorhanden ist (vgl. Z. 10c). Die Trägerenden sind entweder in durchlaufende Mauerröste einzubinden oder es sind drei Scharen Portlandmauerwerk ober- und unterhalb und seitliches Portlandmauerwerk auf Pfeilerbreite auszuführen.

Die Einspannung im Mauerwerk ist keine starre, sondern eine elastische. Sie ist aber rechnerisch schwer zu bestimmen und würde auch bei genauer Berechnung nur sehr unsichere Resultate liefern. Es wird daher in der Praxis mit zwei Momentenlinien gerechnet:

1. Momentenlinie für die größten Einspannmomente M_1 und M_2;

2. Momentenlinie für das größte Feldmoment, welche gleichzeitig die kleinsten Einspannmomente liefert.

Die Einschätzung der Einspannung kann bei beiderseitig eingespannten Trägern nach folgenden Faustregeln erfolgen, wenn über der betrachteten Decke mindestens ein normales Geschoß steht, das ebenfalls mit einer Eisenbetondecke abgeschlossen ist, oder wenn mindestens zwei normale Geschosse mit einer Eisen- oder Holzdecke darüber stehen. Steht nur ein normales Geschoß mit einer Eisen- oder Holzdecke darauf oder liegt nur eine einseitige Einspannung vor, so sind die Werte $\overline{M}_m$ für die Feldmomente aus den angegebenen Werten wie folgt zu bilden:

$$\overline{M}_m = \frac{M_m + \mathfrak{M}_m}{2} \tag{44}$$

Bezeichnet $\mathfrak{M}_m$ das größte Feldmoment des gleichen freigelagerten Einfeldträgers oder Durchlaufträgerfeldes, so ist für Ziegelmauerwerk in Weißkalkmörtel:

$$M_m = \mathfrak{M}_m;\; M_1 = M_2 = -0,4\,\mathfrak{M}_m \tag{45}$$

woraus für den Einfeldträger bei Gleichlast q per m hervorgeht (Abb. 56):

$$M_m = \frac{q\,l^2}{8}, \quad M_1 = M_2 = -\frac{q\,l^2}{20} \tag{45a}$$

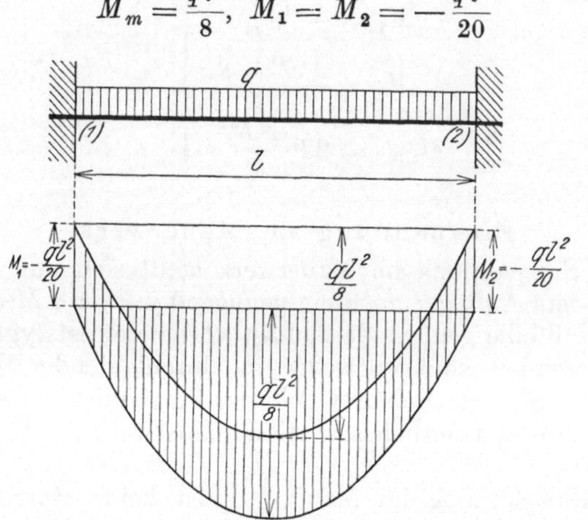

Abb. 56. Einspannung in Ziegelmauerwerk in Weißkalkmörtel

Ziegelmauerwerk in verlängertem Zementmörtel oder in gutem Weißkalkmörtel mit mindestens drei Scharen Zementmauerwerk ober und unter, sowie auf Pfeilerbreite neben dem Träger, je nach der Stärke des Mauerwerkes:

$$(46) \qquad \left\{ \begin{array}{l} M_m = 0{,}7\,\mathfrak{M}_m \text{ bis } 0{,}8\,\mathfrak{M}_m \\ -\,M_1 = -\,M_2 = 0{,}6\,\mathfrak{M}_m \text{ bis } 0{,}4\,\mathfrak{M}_m \end{array} \right.$$

für Gleichlast q per m folgt hieraus für den Einfeldträger:

$$(46\,\mathrm{a}) \qquad \begin{array}{l} M_m = \dfrac{q\,l^2}{11} \text{ bis } \dfrac{q\,l^2}{10} \\[2mm] -M_1 = -M_2 = \dfrac{q\,l^2}{13} \text{ bis } \dfrac{q\,l^2}{20}. \end{array}$$

Ziegelmauerwerk in Portlandzement:

$$(47) \qquad \left\{ \begin{array}{l} M_m = \dfrac{2}{3}\,M_1 \text{ bis } \dfrac{5}{6}\,M_1 \\[2mm] M_1 = M_2 \text{ für volle Einspannung} \end{array} \right.$$

für Gleichlast q per m ist beim Einfeldträger:

$$(47\,\mathrm{a}) \qquad \left\{ \begin{array}{l} M_m = \dfrac{q\,l^2}{14} \text{ bis } \dfrac{q\,l^2}{18} \\[2mm] M_1 = M_2 = -\dfrac{q\,l^2}{12} \end{array} \right.$$

Einspannung in starken Pfeilern oder Stützen.
Hiefür ist § 17, Ziffer 10c, maßgebend.

Der durchlaufende Träger

Ein Feld des über mehrere Stützen laufenden Trägers für sich betrachtet, gehört eigentlich zu den elastisch eingespannten Trägern. Die Einspannmomente dieses Feldes lassen sich bedeutend sicherer ermitteln als bei Einspannung im Mauerwerk, schwanken aber je nach der Belastung der Nachbarfelder und des Feldes selbst. Es liegt daher wechselnde Einspannung des einzelnen Trägerfeldes vor, und man hat im allgemeinen vier maßgebende Momentenlinien zu ermitteln, und zwar die Momentenlinie für:

1. Größtes Stützmoment links: M_1.
2. Größtes Stützmoment rechts: M_2.
3. Größtes Feldmoment: $M_{m,\,\text{max}}$.
4. Kleinstes Feldmoment: $M_{m,\,\text{min}}$.

Die wichtigste Rolle spielt im Hochbau der über drei Stützen laufende

Zweifeldträger

Die Durchrechnung des Zweifeldträgers erfordert drei verschiedene Belastungsfälle:

1. Feld l_1 unter Vollast, Feld l_2 unter ruhender Last: man erhält das größte Einspannmoment $M_{1,\,\text{max}}$, das größte Feldmoment $M_{m,\,1}$ im Feld l_1 und das kleinste Feldmoment im Feld l_2.

2. Feld l_2 unter ruhender Last, Feld l_1 unter Vollast: man erhält das größte Einspannmoment $M_{3,\,\text{max}}$ und das größte Feldmoment $M_{m,\,2}$ im Feld l_2 und das kleinste Feldmoment im Feld l_1.

3. Beide Felder unter Vollast: es ergibt sich $M_{2,\,\text{max}}$ über der Mittelstütze.

Besonders zu beachten sind noch die Bestimmungen über die negativen Feldmomente (Z. 10a) und die kleinsten positiven Feldmomente (Z. 10b), die auch für Rahmen sinngemäß anzuwenden sind.

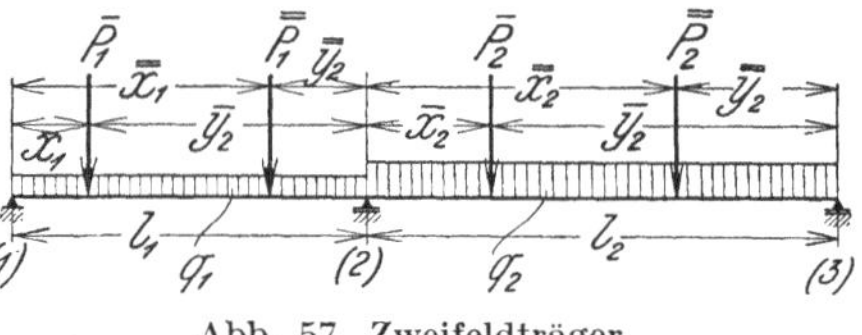

Abb. 57. Zweifeldträger

Bezeichnet (Abb. 57):

l_1 .... Stützweite des linken Trägerfeldes;

q_1 ... Gleichlast per laufendem Meter auf Feld l_1;

P_1 ... Einzellasten auf Feld l_1, mit den Abständen x_1
und y_1 von der Stütze (1), bzw. Stütze (2);

l_2 .... Stützweite des rechten Trägerfeldes;

q_2 ... Gleichlast per laufendem Meter auf Feld l_2;

P_2 ... Einzellasten auf Feld l_2, mit den Abständen x_2
und y_2 von der Stütze (2), bzw. Stütze (3).

Bedeutet:

$$(48) \qquad k_1 = \frac{J_o}{J_1} \cdot \frac{l_1}{l_o}, \quad k_2 = \frac{J_o}{J_2} \cdot \frac{l_2}{l_o}$$

wobei J_0 ein zweckmäßig gewähltes Vergleichsträgheitsmoment und l_0 eine Vergleichslänge ist. Ferner bedient man sich zweckmäßig der Hilfsgrößen m_1, m_{2a}, m_{2b} und m_3.

Für eine Gleichlast q_1 bzw. q_2 für den laufenden m ist:

$$(49) \qquad m_1 = m_{2a} = \frac{q_1 l_1^2}{24}, \quad m_{2b} = m_3 = \frac{q_2 l_2^2}{24}.$$

Für eine Einzellast P_1 mit den Abständen x_1 von der Stütze (1) und y_1 von der Stütze (2) ist:

$$(50) \qquad m_1 = \frac{P_1 y_1}{6}\left(1 - \frac{y_1^2}{l_1^2}\right), \quad m_{2a} = \frac{P_1 x_1}{6}\left(1 - \frac{x_1^2}{l_1^2}\right)$$

Für eine Einzellast P_2 mit den Abständen x_2 von der Stütze (2) und y_2 von der Stütze (3) ist:

$$(50\,a) \qquad m_{2,b} = \frac{P_2 y_2}{6}\left(1 - \frac{y_2^2}{l_2^2}\right), \quad m_3 = \frac{P_2 x_2}{6}\left(1 - \frac{x_2^2}{l_2^2}\right)$$

Wirken mehrere Einzellasten, so sind die verschiedenen m-Werte derselben einfach zu summieren.

Zur Kontrolle für die Richtigkeit der ermittelten numerischen m-Werte rechne man die Momente für den starr eingespannten Träger, die man ohnehin bei Beachtung der Ziffer 10c kennen muß:

$$(51) \qquad \left\{ \begin{array}{l} M_1 = -2\,(2\,m_1 - m_{2a}) \\ M_2 = -2\,(2\,m_{2a} - m_1) \end{array} \right.$$

und vergleiche sie mit den direkt ermittelten Werten

$$(52) \qquad \left\{ \begin{array}{l} M_1 = -\dfrac{q_1 l_1^2}{12} - \dfrac{\overline{P_1\,\overline{x_1}\,\overline{y_1^2}}}{l^2} - \dfrac{\overline{P_1\,x_1\,\overline{y_1^2}}}{l^2} - \cdots \\[2ex] M_2 = -\dfrac{q_1 l_1^2}{12} - \dfrac{\overline{P_1\,\overline{x_1^2}\,y_1}}{l^2} - \dfrac{\overline{P_1\,\overline{x_1^2}\,y_1}}{l^2} - \cdots \end{array} \right.$$

Es stehen für die Berechnung der Stützmomente M_1, M_2 und M_3 über den Stützen 1, 2 und 3 immer die erste und zwei der folgenden Gleichungen 2 bis 7, also drei Gleichungen zur Verfügung:

1. Dreimomentengleichung:
$$k_1 M_1 + 2 M_2 (k_1 + k_2) + k_2 M_3 + 6 k_1 m_{2a} + 6 k_2 m_{2b} = 0 \qquad (53)$$

2. Einspannungsbedingung über Stütze 1:
$$2 M_1 + M_2 + 6 m_1 = 0 \qquad (54)$$

3. Einspannungsbedingung über Stütze 3:
$$M_2 + 2 M_3 + 6 m_3 = 0 \qquad (55)$$

4. Freie Lagerung auf Stütze 1:
$$M_1 = 0 \qquad (56)$$

5. Freie Lagerung auf Stütze 3:
$$M_3 = 0 \qquad (57)$$

6. Konsole bei Stütze 1, gebildet durch Darüberlaufen und Vorspringen des Trägers, mit einem Moment M_I als Freiträger:
$$M_1 = M_\mathrm{I} \qquad (58)$$

7. Konsole bei Stütze 3, gebildet durch Darüberlaufen und Vorspringen des Trägers, mit einem Moment M_III als Freiträger:
$$M_3 = M_\mathrm{III} \qquad (59)$$

Ist der Zweifeldträger nur mit den verteilten Lasten q_1 und q_2 per m belastet, so ist bei freigelagerten Enden (1) und (3), wenn

$$k = \frac{J_1 l_2}{J_2 \, l_1}$$
$$M_2 = - \frac{q_1 l_1{}^2 + k q_2 l_2{}^2}{8 (k + 1)},$$

hingegen bei starr eingespannten Enden (1) und (3):

$$M_2 = - \frac{q_1 l_1{}^2 + k q_2 l_2{}^2}{12 (k + 1)}$$
$$M_1 = - \frac{M_2}{2} - \frac{q_1 l_1{}^2}{8}$$
$$M_3 = - \frac{M_2}{2} - \frac{q_2 l_2{}^2}{8}$$

Die Einspannung der Enden (1) und (3) bewirkt somit eine erhebliche Reduzierung des Stützmomentes $- M_2$.

Zahlenbeispiel zum Zweifeldträger

Die in Abb. 58a dargestellte Eisenbetondecke läuft über die Mittelmauer. Die Gassenmauer und die Mittelmauer bestehen aus Ziegeln in Weißkalkmörtel, die Hofhauptmauer aus Ziegeln in Portlandzementmörtel. Die Träger seien in einen, über die Mauern laufenden, Rost eingebunden, es sei jedoch angenommen, daß die Auflast der Gassenhauptmauer und Mittelmauer nicht ausreiche, um die Annahme einer Verminderung der Feldmomente durch eine Einspannung zu rechtfertigen.

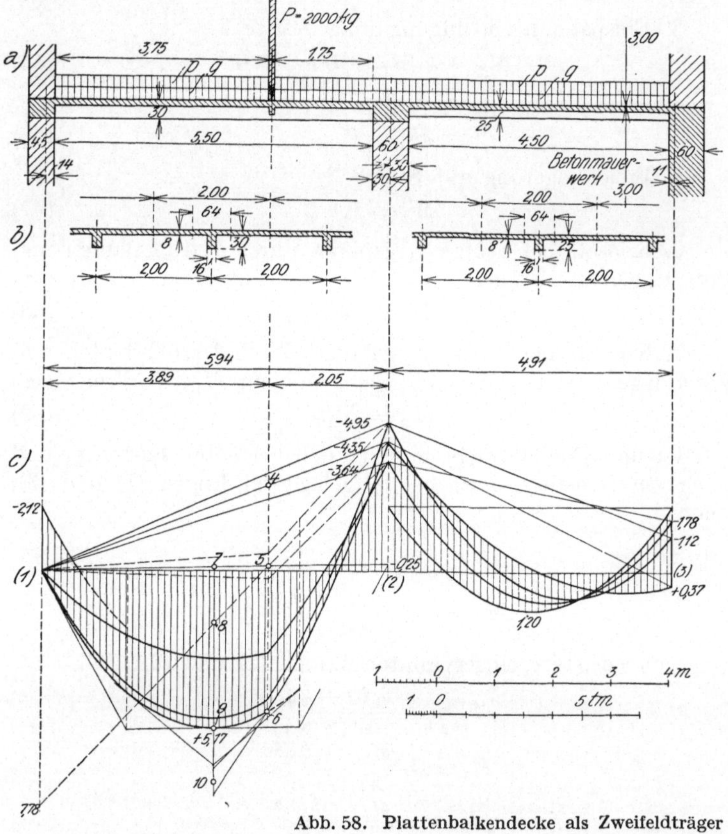

Abb. 58. Plattenbalkendecke als Zweifeldträger

Die Geschoßhöhe sei im oberen und unteren Geschoß 3,00 m. Da die Hofhauptmauer im unteren Geschoß aus Betonmauerwerk besteht und die Mauerdicke $= ^1/_5$ der Geschoßhöhe ist, so herrscht an diesem Auflager (3) volle Einspannung.

Die ruhende verteilte Last g betrage 300 kg/m²; einschließlich Deckengewicht, ebensoviel die Verkehrslast p. Das linke Feld sei außerdem mit einer Scheidemauer belastet, die 1000 kg per Meter in ihrer Flucht wiege. Die Rippenteilung beträgt 2,00 m (Abb. 58 b). Die Berechnung gestaltet sich wie folgt:

Belastung per laufenden Meter Träger:

$$p/m = 300 \times 2,00 = \quad 600 \text{ kg}$$
$$g/m = 300 \times 2,00 = \quad 600 \text{ kg}$$
$$q/m = \qquad\qquad\qquad 1200 \text{ kg}$$

Einzellast: $P = 1000 \times 2,00 = 2000 \text{ kg}.$

Linkes Trägerfeld l_1	Rechtes Trägerfeld l_2

Linkes Trägerfeld l_1

Lichtweite: 5,50 m.

$$l_1 = 5,50 + \frac{5,50}{40} + 0,30 = 5,94 \text{ m}.$$

$h_1 \geq 594:20 \geq 30 \text{ cm}; \ d_o = 33 \text{ cm}.$

$d = 8 \text{ cm}; \quad b_o = 16 \text{ cm};$
$b = 6.8 + 16 = 64 \text{ cm}.$

$J_1 = 0,17 . 1,6 . 3,3^3 = 9,73 \text{ dm}^4.$

$$J_1 = J_o, \ l_1 = l_o, \ k_1 = 1.$$

$$m_1 = q_1 \frac{5,94^2}{24} + P_1 \frac{2,05}{6}\left(1 - \frac{2,05^2}{5,94^2}\right) =$$
$$= 1,472\, q_1 + 0,301\, P_1.$$

$$m_{2a} = q_1 \frac{5,94^2}{24} + P_1 \frac{3,89}{6}\left(1 - \frac{3,89^2}{5,94^2}\right) =$$
$$= 1,472\, q_1 + 0,371\, P_1.$$

Freie Lagerung über der Stütze (1): $M_1 = 0.$

1. Größtes Feldmoment $M_{m,1}$ in l_1 und kleinstes Feldmoment in l_2.

Zugehörige Belastung: $q_1 = 1,2 \text{ t/m}$; $P_1 = 2 \text{ t}; \ q_2 = 0,6 \text{ t/m} = g.$

$$m_1 = 2,37; \quad m_{2a} = 2,51;$$
$$m_{2b} = 0,60; \quad m_3 = 0,60.$$

Kontrolle der m-Werte:

$$\frac{2 . 3,89 . 2,05^2}{5,94^2} + \frac{1,2 . 5,94^2}{12} =$$
$$= 2\,(2\,m_1 - m_{2a}).$$

Dreimomentengleichung:
$$2\,M_2\,(1 + 1,35) + 1,35\,M_3 +$$
$$+ 6 . 1 . 2,51 + 6 . 1,35 . 0,60 = 0.$$

Einspannbedingung: $M_2 + 2\,M_3 +$
$$+ 6 . 0,60 = 0.$$

Stützmomente: $M_1 = 0, \ M_2 = -$
$-4,35 \text{ tm}; \ M_3 = + 0,37 \text{ tm}.$

Rechtes Trägerfeld l_2

Lichtweite: 4,50 m.

$$l_2 = 4,50 + \frac{4,50}{40} + 0,30 = 4,91 \text{ m}.$$

$h_2 \geq 491:20 \geq 25 \text{ cm}; \ d_o = 28 \text{ cm}.$

$d = 8 \text{ cm}; \quad b_o = 16 \text{ cm};$
$b = 6.8 + 16 = 64 \text{ cm}.$

$J_2 = 0,17 . 1,6 . 2,8^3 = 5,93 \text{ dm}^4.$

$$k_2 = \frac{9,73}{5,93} . \frac{4,91}{5,94} = 1,35.$$

$$m_{2b} = q_2 \frac{4,91^2}{24} = 1,002\, q_2.$$

$$m_3 = 1,002\, q_2.$$

Einspannung über der Stütze (3):
$$M_2 + 2\,M_3 + 6\,m_3 = 0.$$

2. Größtes Feldmoment $M_{m,2}$ in l_2, kleinstes Feldmoment in l_1 und größtes Einspannmoment: $- M_3.$

Zugehörige Belastung: $q_1 = 0,6 \text{ t/m} = g$; $P_1 = 2 \text{ t}; \ q_2 = 1,2 \text{ t/m}.$

$$m_1 = 1,49; \quad m_{2a} = 1,63;$$
$$m_{2b} = 1,20; \quad m_3 = 1,20.$$

Kontrolle der m-Werte:

$$\frac{1,2 . 4,91^2}{12} = 2\,(2\,m_{2b} - m_3).$$

Dreimomentengleichung:
$$2\,M_2\,(1 + 1,35) + 1,35\,M_3 +$$
$$+ 6 . 1 . 1,63 + 6 . 1,35 . 1,20 = 0.$$

Einspannbedingung: $M_2 + 2\,M_3 +$
$$+ 6 . 1,20 = 0.$$

Stützmomente: $M_1 = 0; \ M_2 = -$
$- 3,64 \text{ tm}; \ M_3 = - 1,78 \text{ tm}.$

3. Größtes Stützmoment M_2.

Zugehörige Belastung: $q_1 = 1,2\ \text{t/m}$; $P_1 = 2\ \text{t}$; $q_2 = 1,2\ \text{t/m}$.
$m_1 = 2,37$; $m_{2a} = 2,51$; $m_{2b} = 1,20$; $m_3 = 1,20$.
Dreimomentengleichung: $2\,M_2\,(1 + 1,35) + 1,35\,M_3 + 6 . 1 . 2,51 +$
$+\ 6 . 1,35 . 1,20 = 0$.
Einspannbedingung: $M_2 + 2\,M_3 + 6 . 1,20 = 0$.
Stützmomente: $M_1 = 0$; $M_2 = -\ 4,95\ \text{tm}$; $M_3 = -\ 1,12\ \text{tm}$.

Mit diesen Werten der Stützmomente sind von den entsprechenden Verbindungslinien die Parabeln abgetragen. Im Felde (1) zeichnet man ebenso wie in Abb. 58 c beschrieben, zwei Parabelstücke mit dem

Scheitelwert $\quad \mathfrak{M}_q = \dfrac{1,2 . 5,94^2}{8} = 5,30\ \text{tm}\quad$ über dem Momenten-

dreieck (1) — 5 — 4,35 der Last P mit den Dreieckseiten als Bezugsgeraden. Für die Einzellast gilt:

$$\mathfrak{M}_P = \frac{P\,x\,y}{l} = \frac{2,0 . 2,05 . 3,89}{5.94} = 2,68\ \text{tm} \quad (\text{Strecke } 4\!-\!5).$$

Die Dreieckseiten schneiden auf den Auflagerlotrechten die Werte: $P\,x = 7,78\ \text{tm}$ und $P\,y = 4,10\ \text{tm}$ ab. Der Wert $P\,y$ ist von: $-\ 4,35\ \text{tm}$ nach unten abzutragen, so daß sich der Punkt: $-\ 0,25$ ergibt. Die Strecke 7—9 und 8—10 entsprechen dem Scheitelwert: $\mathfrak{M}_q = 5,30\ \text{tm}$. Im Punkt 6 schneiden sich die Parabeln und bilden eine Ecke im Verlaufe der Momentenlinie. Das größte Feldmoment ergibt sich zu:

$$M_{m,1} = 5,30 - \frac{0,25}{2} = 5,17\ \text{tm}.$$

Das zu erwartende Einspannmoment über der Stütze (1) ist:

$$M_1 = -\ 0,4\,\mathfrak{M}_m = -\ 2,12\ \text{tm}.$$

Für das Feld l_2 mit seinen geringen Feldmomenten ist die Bestimmung Ziffer 10 zu berücksichtigen. Es ergibt sich das Feldmoment bei voller Einspannung zu:

$$M_{m,2} = \frac{1,2 . 4,91^2}{24} = 1,20\ \text{tm}$$

tatsächlich größer, als das für den Durchlaufträger ermittelte, und ist daher für die Querschnittsberechnung maßgebend.

Wäre anstatt der Mittelmauer eine Stützenreihe mit einem Unterzug vorhanden, so könnten nach Ziffer 10c die negativen Feldmomente auf zwei Drittel ermäßigt werden. Diese Maßnahme bringt ziemliche Ersparnisse an Kappeneisen mit sich. Die Stützen wären trotzdem nur auf mittigen Druck zu berechnen, müßten aber als normgemäße Stahlbetonsäulen ausgeführt werden.

Sechster Abschnitt

Die Ermittlung der inneren Kräfte

Vorbemerkung

Die Gleichungen, die für das Gleichgewicht der inneren mit den äußeren Kräften gelten, lassen sich je nach den gegebenen Größen verschieden auswerten: Sind die Querschnitte bereits gegeben, so lassen sich die unter den äußeren Kräften darin auftretenden Spannungen eindeutig berechnen, man spricht von der Spannungsberechnung oder vom Spannungsnachweis; sind nur die Grenzwerte der Spannungen gegeben, wie es beim Konstruieren der Fall ist, so lassen sich damit die Abmessungen des Querschnittes ermitteln, man hat die Bemessung des Querschnittes vorzunehmen.

Die Bemessung ist jene Aufgabe, die an den Konstrukteur wegen der zahlreichen Kostenvoranschläge öfter herantritt als der Spannungsnachweis, der den Baubehörden vor Ausführung des Bauvorhabens vorgelegt werden muß. Es haben sich daher eine große Anzahl von Bemessungsverfahren, Tabellen, mechanische Hilfsmitteln u. dgl. herausgebildet. Dagegen bedient sich der Spannungsnachweis nur weniger Gleichungen, deren Auswertung durch einfache Tabellen unterstützt wird. Es sind daher Bestrebungen, die es sich zum Ziele setzen, den Spannungsnachweis durch bestimmte Bemessungsverfahren zu ersetzen, schon aus diesem Grunde abzulehnen.

Die wichtigsten Festlegungen für die Standberechnung sind in den Ziffern 1 bis 5 des § 18 enthalten; wir bezeichnen sie daher als

A. Allgemeine Bestimmungen

Rechnungsannahmen

§ 18. Innere Kräfte

1. Rechnungsannahmen. Die Spannungen im Querschnitt des auf Biegung ohne und mit Längskraft beanspruchten Körpers sind unter der Annahme zu berechnen, daß sich die Dehnungen wie die Abstände von der Nullinie verhalten. Die zulässige Beanspruchung des Betons auf Druck und des Eisens auf Zug sowie die zulässigen Schub- und Haftspannungen haben zur Voraussetzung, daß das Eisen alle Zugspannungen aufnimmt und von einer Mitwirkung des Betons auf Zug ganz abgesehen wird. Sind schlaffe Eiseneinlagen in zwei oder mehr

Reihen angeordnet, so ist die Spannung für die Schwerachse der beiden äußeren Reihen nachzuweisen.

Für die Spannungsberechnung gelten somit die allgemeinen Ansätze, die in der Theorie der Biegung und Druckbeanspruchung schlanker Stäbe und dünner Platten abgeleitet werden.

Da aber der Betonquerschnitt von der Nullinie nach der Zugseite hin als außer Wirkung gesetzt gilt, kann man sich lebhaft vorstellen, welche Wichtigkeit damit der Aufsuchung der Nullinie zukommt, und mit welchen Schwierigkeiten der Spannungsnachweis verbunden ist. Bei der Bemessung erhöhen sich dieselben noch ganz bedeutend dadurch, daß man Betonquerschnitt und Stahlquerschnitt in verschiedenem Verhältnis zueinander wählen kann, sofern nur die zulässigen Spannungen nicht überschritten werden. Eine Entscheidung über den zweckmäßigsten Querschnitt bringt in den meisten Fällen nur eine Wirtschaftlichkeitsberechnung.

Es ist bekannt, daß schon bei den Walzprofilen des Eisenbaues die Formeln der Biegungstheorie bei stark schiefer Lage der Kraftangriffsebene zu den Trägheitshauptachsen sehr unsichere Resultate liefern. Noch schlimmer ist die Abweichung, wenn die Resultierende der äußeren Kräfte nicht durch den Schwerpunkt geht, sondern ein Drehmoment hervorruft. Alle Belastungsfälle, die von der Biegung symmetrischer Querschnitte bei der die Kraftebene mit einer Symmetrieebene zusammenfällt, wesentlich abweichen und unter großen Kräften stehen, müssen sorgfältig berechnet werden. Solche Fälle treten u. a. bei Ecksäulen, Randunterzügen von schweren Platten usw. auf.

Müssen die Tragstähle, wie es bei schmalen Rippen häufig vorkommt, in zwei Reihen angeordnet werden (vgl. Abb. 59), so verkleinert sich die Nutzhöhe h um den Abstand a der Schwerachse vom Mittel der unteren Stähle, bzw. muß die Trägerhöhe um a vergrößert werden, um die gleiche Nutzhöhe beibehalten zu können. Bei gleicher Anzahl der oben und unten liegenden Stähle ist bei

$$\text{Stahldurchmesser } \oslash \leqq 20 \text{ mm}: a = 1 \text{ cm} + \frac{\oslash}{2} \text{ cm}$$
$$\text{,, } \qquad \oslash > 20 \text{ mm}: a = \oslash.$$

Bei ungleichen Anzahlen kann a aus folgender Tabelle VI entnommen werden.

Die Dicke d des zwischen den Stahlreihen liegenden Distanzstückes ist bei

$$\text{Stahldurchmesser } \oslash \leqq 20 \text{ mm}: d = 17 \text{ mm}$$
$$\text{,, } \qquad \oslash > 20 \text{ mm}: d = 0{,}9 \ \oslash.$$

Tabelle VI. Abstand a der Schwerachse der Trageisen bei zweireihiger Anordnung (vgl. Abb. 59)

Stück		Stahldurchmesser									
unten	oben	15	16	18	20	22	24	25	26	28	30
2	1	1,0	1,1	1,1	1,2	1,3	1,4	1,4	1,5	1,7	1,7
2	3	1,2	1,2	1,3	1,4	1,5	1,7	1,7	1,8	1,9	2,1
	1	0,8	0,9	0,9	0,9	1,0	1,2	1,2	1,2	1,3	1,4
4	3	1,3	1,3	1,4	1,5	1,6	1,8	1,9	1,9	2,1	2,2
	2	1,0	1,0	1,1	1,2	1,3	1,4	1,4	1,5	1,7	1,7
	1	0,6	0,6	0,7	0,7	0,8	0,8	0,9	0,9	1,0	1,0
5	4	1,3	1,4	1,5	1,5	1,7	1,8	1,9	2,0	2,2	2,3
	3	1,1	1,2	1,2	1,3	1,4	1,6	1,6	1,7	1,8	1,9
	2	0,9	0,9	0,9	1,0	1,1	1,2	1,2	1,2	1,4	1,5
	1	0,5	0,5	0,5	0,6	0,6	0,7	0,7	0,8	0,8	0,9

2. Für die Ermittlung der Spannungen und Abmessungen ist das Verhältnis der Dehnmaße von Eisen und Beton mit $n = 15$ anzunehmen.

Das Verhältnis der Dehnmaße zwischen Bewehrung und Beton ist bestimmend für den Anteil an den zu übertragenden Kräften, welche der Beton oder die Bewehrung übernehmen. Denn in dem Ausdruck für die Querschnittsfläche und das Trägheitsmoment geht die Bewehrung mit dem n-fachen Werte ihrer Fläche ein.

Der Wert $n = 15$ ist ein Mittelwert aus zahlreichen Versuchen mit der oberen Grenze $n = 20$ und der unteren Grenze $n = 10$, je nach Betongüte und Laststufe. Der hieraus sich ergebende Fehler ist bezüglich der Betonpressung 10% und bezüglich der Eisenspannung 5%, so daß unser Spannungsnachweis schon dadurch nur ein sehr ungenaues Bild der Sicherheit der Konstruktionen zu geben vermag. Sicher konstruieren heißt daher, nicht nur den rechnerischen Spannungsverlauf genau in den vorgeschriebenen Grenzen zu halten, sondern auch die obere und untere Schranke der Zuverlässigkeit der Berechnung zu kennen und sich darnach zu richten.

3. Bei der Berechnung der Biegespannungen dürfen einbetonierte Schienen zur Befestigung von Transmissionen bis zu 50 v. H. ihres Gesamtquerschnittes in Rechnung gestellt werden.

Einbetonierte Schienen sind irgendwelche Walzprofile und zählen zu den steifen Einlagen. Werden Transmissionen daran befestigt, so erhalten diese Einlagen eine zusätzliche Biegungsbeanspruchung, die sich jedoch schwer berechnen läßt. Daher darf eine solche Bewehrung nur mit der Hälfte ihrer Fläche eingesetzt werden, was einer zulässigen Beanspruchung von 600 kg/cm² gleichkommt. Ferner ist bei solchen Anordnungen immer zu erwägen, ob nicht ein Losrütteln von den umgebenden Beton zu befürchten ist.' Man muß daher derartige Bewehrungsteile an ihren Enden nach Abb. 13, sowie mit der Druckzone durch zahlreiche Bügel gut verankern.

Schub- und Haftspannungen

4. Schubspannungen.[1] In Balken sind die Schubspannungen nachzuweisen und aus der Gleichung

$$(17) \qquad \tau_0 = \frac{Q}{b_0 z}$$

zu berechnen. Hierin bedeuten: Q die Querkraft, b_0 die Stegbreite und z den Abstand des Schwerpunktes der Eisen vom Druckmittelpunkt. Die Grundlinie der Querkraftfläche soll in die halbe Höhe zwischen Unterkante und Oberkante des Balkens gelegt werden. Überschreiten die so berechneten Schubspannungen die im § 19, Ziffer 5, festgesetzten Werte, so sind Schrägeisen, Bügel oder andere Eiseneinlagen anzuordnen, die alle Querkräfte in diesem Bereich übertragen können. Der Beton muß für sich allein rechnungsmäßig mindestens 30 v. H. der Querkräfte aufnehmen.

Durch die Gleichung 17 ist die maximale Schubspannung, welche in dem Bereiche von der Nullinie bis zu den Zugstählen auftritt, festgelegt. Trotzdem die Nullinie auch im Balken mit gleicher Höhe bei veränderlichem Stahlquerschnitte keine Gerade ist und der Abstand z ebenfalls mit dem Stahlquerschnitt wechselt, lohnt sich eine genaue Berechnung dieser Größen nur bei sehr großen Trägern. Deshalb kann man näherungsweise den Abstand z mit seinem kleinsten Wert als konstant annehmen.

Ergeben sich die Schubspannungen größer als $\tau_{0\,zul}$, so gilt der Beton für die Übertragung der Schubspannungen als außer

---

[1] D. B.: Schubspannungen. In Balken sind die Schubspannungen τ_0 nachzuweisen.

Geht der ohne Rücksicht auf abgebogene Eisen oder Bügel errechnete Wert der Schubspannung über 14 kg/cm² hinaus, so sind die Abmessungen der Rippe zu vergrößern, bis dieser Wert erreicht oder unterschritten wird.

In Balken oder Balkenfeldern, in denen die größte Schubspannung τ_0 bei Handelszement nicht über 4 kg/cm², bei hochwertigem Zement nicht über 5,5 kg/cm² hinausgeht, wird kein rechnerischer Nachweis der Schubsicherung gefordert. Ist die größte Schubspannung über 4, bzw. 5,5 kg/cm², so sind alle Schubspannungen auf der betreffenden Feldseite ganz durch abgebogene Eisen oder Bügel oder beides zusammen aufzunehmen (Schubsicherung).

Wirkung gesetzt und müssen dieselben von geeigneten Stahleinlagen übertragen werden. Zur Vermeidung von Schubrissen darf aber der Beton ohne Berücksichtigung der stählernen Schubsicherung für sich allein nicht über die Bruchschubspannung beansprucht werden. Da dieselbe ungefähr das $^{10}/_3$fache der zulässigen Schubspannung beträgt, so darf der Beton mit nicht mehr als $^3/_{10}$ aller Schubkräfte belastet werden.

Durch diese Bestimmung besteht wohl ein stetiger Übergang zwischen den Trägern mit einer eigenen Schubsicherung aus Stahlstäben und solchen, bei denen der Beton alle Schubspannungen aufnimmt. Dagegen wird an ein und demselben Träger zwischen den Bereichen, in denen die zulässige Schubspannung nicht überschritten und denen in welchen sie überschritten wird, eine Unstetigkeit geschaffen. Da aber die bauübliche Anordnung in den meisten Fällen eine starke Schubsicherung braucht, schon um zu große Träger- und Rippenbreiten zu vermeiden, fällt dieser Übelstand nicht besonders ins Gewicht.

Aus obigen Forderungen ergibt sich eine Beziehung für die Mindestbreite des Rechteckbalkens bzw. der Rippe bei Plattenbalken in einem bestimmten Querschnitt mit der Querkraft Q.

$$b_o = \frac{Q}{z \cdot \tau_{zul}},$$

wenn keine Schubsicherung angeordnet werden soll, und

$$b_o = \frac{0,3 Q}{z \cdot \tau_{zul}},$$

wenn Schrägstähle oder Bügel vorhanden sind. $\qquad$ (60)

Bei gleichförmig verteilter Belastung ergeben sich nachstehende Formeln für die Mindestbreiten, wenn die Nutzhöhe nach § 14 beträgt:

$$h_{min} = \frac{1}{20} l$$

für gewöhnlichen Portlandzement:
$$b_o = 5,6\, q, \text{ bzw. } b_o = 1,7\, q$$
für frühhochfesten Portlandzement:
$$b_o = 4,0\, q, \text{ bzw. } b_o = 1,2\, q$$
$$\qquad (61)$$

5. Haftspannungen brauchen nicht berechnet zu werden, wenn die Enden der Eisen mit runden oder spitzwinkeligen Haken versehen und die Eisen nicht stärker als 25 mm sind; sonst ist die Haftspannung aus der Gleichung

$$\tau_1 = \frac{Q}{u\, z} \qquad (18)$$

nachzuweisen; hierin bedeutet $u =$ Umfang aller Längseisen des Querschnittes.[1]

Auf die Wichtigkeit der Verankerung der Zugstähle ist schon auf den Seiten 7 u, 8 des 1. Abschn. hingewiesen worden. Die Balken, in denen die Rundstäbe durch Haken verankert sind, haben eine erheblich größere Tragfähigkeit und damit eine größere Sicherheit als solche, bei denen die Verankerung durch die Haftspannung bewirkt werden muß.

B. Zusammenstellung für Biegung

Platten- oder Rechteckquerschnitt (Abb. 59)

Spannungsberechnung

$$(62) \qquad \text{Hilfsgrößen}: \quad r = \frac{15\,(F_e + F_e')}{b}, \quad s = \frac{30\,(F_e h + F_e' h')}{b}$$

$$(63) \qquad \text{Abstand der Nullinie vom Druckrand}: \quad x = \sqrt{r^2 + s} - r$$

$$(64) \quad \text{Trägheitsmoment}: \quad J = \frac{b\,x^3}{3} + 15 F_e\,(h - x)^2 + 15 F_e'\,(x - h')^2$$

$$(65) \quad \begin{cases} \text{Druckspannung des Betons}: \quad \sigma_b = \dfrac{M\,x}{J} \\[2ex] \text{Zugspannung des Eisens}: \quad \sigma_e = \dfrac{15\,M\,(h - x)}{J} \\[2ex] \text{Druckspannung des Eisens}: \quad \sigma_e' = \dfrac{15\,M\,(x - h')}{J} \end{cases}$$

$$(66) \qquad \text{Hebelarm der Innenkräfte}: \quad z = \frac{J}{15 F_e\,(h - x)}$$

$$(67) \quad \begin{cases} \text{Wagrechte Schubspannung in der Nullinie}: \\[1ex] \qquad \tau_0 = \dfrac{Q}{b\,z} \\[2ex] \text{Haftspannung an den Zugeisen mit dem Umfang } u: \\[1ex] \qquad \tau_1 = \dfrac{Q}{u\,z} \\[2ex] \text{Haftspannung an den Druckeisen mit dem Umfang } u': \\[1ex] \qquad \tau_1' = \dfrac{x - h'}{h - x} \cdot \dfrac{Q}{u'\,z} \end{cases}$$

---

[1] D. B.: Sind dagegen so viele Eisen abgebogen, daß sie zusammen mit den Bügeln imstande sind, die gesamten schrägen Zugspannungen allein aufzunehmen, so ist für die Berechnung der Haftspannungen an den unteren gerade geführten Eisen nur die halbe Querkraft in Ansatz zu bringen.

Querschnitt nur zugbewehrt:

$$x = \frac{15\,F_e}{b}\left(\sqrt{1 + \frac{2\,b\,h}{15\,F_e}} - 1\right); \quad z = h - \frac{x}{3} \tag{68}$$

$$\sigma_e = \frac{M}{F_e\,z}, \quad \sigma_b = \frac{2\,M}{b\,x\,z}, \quad \tau_0 = \frac{Q}{b\,z}, \quad \tau_1 = \frac{Q}{u\,z} \tag{69}$$

Abb. 59. Rechteckquerschnitt bei Biegung

Tabelle VII. Hilfstafel für den zugbewehrten Rechteckquerschnitt

$\dfrac{100\,F_c}{b\,h}$	$\dfrac{x}{h}$	$\dfrac{z}{h}$	$\dfrac{\sigma_e}{\sigma_b}$	k
0,2	0,22	0,93	54,2	10,0
0,3	0,26	0,91	43,1	8,5
0,4	0,29	0,90	36,5	7,6
0,5	0,32	0,89	32,0	7,0
0,6	0,34	0,89	28,6	6,6
0,7	0,37	0,88	26,1	6,2
0,8	0,38	0,87	24,0	6,0
0,9	0,40	0,87	22,3	5,8
1,0	0,42	0,86	20,9	5,6
1,1	0,43	0,86	19,7	5,4
1,2	0,45	0,85	18,6	5,3
1,3	0,46	0,85	17,7	5,1
1,4	0,47	0,84	16,8	5,0
1,5	0,48	0,84	16,1	5,0

Querschnitt steif zugbewehrt:
Trägheitsmomente der eingelegten Walzprofile: J_e.
Querschnitt der eingelegten Walzprofile: F_e.
Abstand der Schwerachse vom Druckrand: h

$$x = \frac{15 F_e}{b} \left(\sqrt{1 + \frac{2\,b\,h}{15 F_e}} - 1 \right); \quad z = h - \frac{x}{3}.$$

$$J = \frac{b\,x^3}{3} + 15 J_e + 15 F_e\,(h - x)^2,$$

$$\sigma_e = \frac{15\,M\,(h - x)}{J}, \quad \sigma_b = \frac{M\,x}{J}, \quad \tau_o = \frac{Q}{b\,z}, \quad \tau_1 = \frac{Q}{u\,z}.$$

Beispiel zur Spannungsberechnung im Rechteckquerschnitt

$M = - 4{,}95$ t/m $= - 49{,}5$ t/dm; $b = 70$ cm $= 7$ dm; $d = 3{,}3$ dm; Bewehrung: 4 R. S. ⌀ 22 mm $= 15{,}2$ cm²; $h = 33 - 1{,}5 - 0{,}6 - 1{,}1 = 29{,}8$ cm $= 2{,}98$ dm.

1. Berechnung der Eisenspannung:
In Tabelle VII sucht man in der 1. Spalte

$$\frac{100\,F_e}{b\,h} = \frac{100 \cdot 0{,}152}{7{,}0 \cdot 2{,}98} = 0{,}73,$$

und aus der 3. Spalte, den zugehörigen Wert von

$$\frac{z}{h} = 0{,}88, \quad z = 0{,}88 \cdot 2{,}98 = 2{,}62 \text{ dm}.$$

Die Eisenspannung ist nach Gleichung (69)

$$\sigma_e = \frac{49{,}5}{0{,}152 \cdot 2{,}62} = 124 \text{ t/dm}^2 = 1240 \text{ kg/cm}^2.$$

Die Spannungsüberschreitung von 40 kg/cm² kann vollkommen vernachlässigt werden.

2. Berechnung der Betonpressung:
In Tabelle VII sucht man in der 1. Spalte

$$\frac{100\,F_e}{b\,h} = 0{,}73$$

und aus der 2. Spalte den zugehörigen Wert von

$$\frac{x}{h} = 0{,}37; \quad x = 0{,}37 \cdot 2{,}98 = 1{,}10 \text{ dm}.$$

Die Betonspannung ist nach Gleichung (69)

$$\sigma_b = \frac{2 \cdot 49{,}5}{7{,}0 \cdot 1{,}10 \cdot 2{,}62} = 4{,}81 \text{ t/dm}^2 = 49{,}1 \text{ kg/cm}^2.$$

3. Kontrollrechnung:
Aus Tabelle VII folgt mit

$$\frac{100\,F_e}{b\,h} = 0{,}73$$

der Wert des Spannungsverhältnisses

$$\frac{\sigma_e}{\sigma_b} = 25,6$$

welcher mit dem Verhältnis der errechneten Spannungen

$$\frac{1240}{49,1} = 25,3$$

in genügender Übereinstimmung stehen muß.

Querschnittsermittlung für den zugbewehrten Rechteckquerschnitt bei gegebenen Randspannungen.

Ist die Breite b gegeben, so berechnet sich die

$$\text{Nutzhöhe } h = a \sqrt{\frac{M}{b\,\sigma_b}} \tag{70}$$

Ist dagegen die Nutzhöhe h vorgegeben, wie es bei den Auflagerquerschnitten von Trägern oft der Fall ist, so ist die Breite b aus der Formel zu rechnen

$$\text{Breite } b = a^2 \cdot \frac{M}{h^2\,\sigma_b}$$

$$\text{Stahlquerschnitt } F_e = \frac{M}{\left(\dfrac{z}{h}\right) h\,\sigma_e} \tag{71}$$

a und $\dfrac{z}{h}$ sind von $\dfrac{\sigma_e}{\sigma_b}$ abhängig und aus der folgenden Tabelle VIII zu entnehmen.

Querschnittsermittlung für den zugbewehrten Rechteckquerschnitt bei gegebener Breite b, großer Nutzhöhe h und Eisenspannung σ_e.

Ist die Nutzhöhe h aus wirtschaftlichen Rücksichten größer als der aus Gleichung (70) sich ergebende Wert, so rechnet man mit folgenden Formeln:

Tabelle VIII. Bemessung des zugbewehrten Rechteckquerschnittes

$\dfrac{\sigma_b}{\sigma_e}$	a	$\dfrac{z}{h}$
20	2,33	0,86
30	2,60	0,89
40	2,84	0,91
50	3,06	0,92
60	3,27	0,93

$$\text{Stahlquerschnitt:} \quad F_e = \frac{M}{0,9\,h\,\sigma_e} \tag{72}$$

$$\text{Betondruckspannung:} \quad \sigma_b = \frac{M\,k}{b\,h^2} \tag{73}$$

k ist mit $\dfrac{100\,F_e}{b\,h}$ aus der Tabelle VII zu entnehmen.

Querschnittsermittlung für den Rechteckquerschnitt bei gegebener Breite b, gedrückter Nutzhöhe h und Betondruckspannung σ_b.

Ist die Nutzhöhe aus baulichen Rücksichten gedrückt und kleiner als der aus Gleichung (70) sich ergebende Wert, so würde die gegebene zulässige Betonspannung überschritten. Man hilft sich:

a) mit verstärktem Trageisenquerschnitt: mit dem Wert

$$k = \frac{\sigma_b\, b\, h^2}{M}$$ sucht man aus Tabelle VII den zugehörigen Wert von

$$\frac{100\, F_e}{b\, h}$$ und rechnet daraus F_e.

Stahlquerschnitt: $F_e = \left(\dfrac{100\, F_e}{b\, h}\right) \cdot \dfrac{b \cdot h}{100}$

Die Spannung σ_e ist kleiner als $\sigma_{e,\,zul}$ und ergibt sich mit

$$\frac{100\, F_e}{b\, h}$$ als Leitwert aus Tabelle VII zu

Stahlspannung: $\sigma_e = \left(\dfrac{\sigma_e}{\sigma_b}\right) \cdot \sigma_b$.

b) Durch Einlage einer Druckbewehrung F_e': Der Abstand der Schwerachsen der Zug- und Druckbewehrung ist: $a = h - h'$. Man rechnet wie folgt:

$$x = \frac{15\,\sigma_b}{15\,\sigma_b + \sigma_e} \cdot h; \quad z = h - \frac{x}{3},$$

Trageisenquerschnitt: $F_e = \dfrac{M}{a\,\sigma_e} + \dfrac{b\, x\, \sigma_b}{2\,\sigma_e}\, \dfrac{a - z}{z}$.

Druckbewehrung: $F_e' = \dfrac{h - x}{x - h'}\left(\dfrac{M}{a\,\sigma_e} - \dfrac{b\, x\, \sigma_b}{2\,\sigma_e}\, \dfrac{a}{z}\right)$.

Beispiel zur Bemessung des Rechteckquerschnittes

Der in Abb. 58 dargestellte Zweifeldträger wird über der Stütze (2) durch ein Moment: $M_2 = -\,4{,}95$ tm beansprucht. Die Druckzone liegt an der Unterseite, der Querschnitt ist daher ein Rechteckquerschnitt. Es soll untersucht werden, 1. welche Höhe der Querschnitt bei gleichbleibendem $b_0 = 16$ cm erhält und 2. auf welches Maß die Breite gebracht werden muß, wenn die Dicke $d = 33$ cm des Querschnittes beibehalten wird. Nach § 19, S. 129 ist $\sigma_{b,\,zul} = 50$ kg/cm² $=$ $= 5$ t/dm², $\sigma_{e,\,zul} = 1200$ kg/cm² $= 120$ t/dm².

1. $M = -\,4{,}95$ tm $= -\,49{,}5$ tdm; $b = 1{,}6$ dm.

a) Berechnung der Nutzhöhe h:

Nach Tabelle VIII ist die Nutzhöhe h mit $\dfrac{\sigma_e}{\sigma_b} = \dfrac{120}{5} = 24$,

$$h = 2{,}44 \sqrt{\frac{49{,}5}{1{,}6 \cdot 5}} = 6{,}1 \text{ dm} = 61 \text{ cm}.$$

b) Berechnung des Stahlquerschnittes F_e:

Nach Tabelle VII, S. 85 ist mit $\dfrac{\sigma_e}{\sigma_b} = 24$ in der 4. Spalte der Wert von $\dfrac{100\,F_e}{b\,h}$ in der 1. Spalte

$$\frac{100\,F_e}{b\,h} = 0{,}8; \quad F_e = 0{,}8 \, \frac{16 \times 61}{100} = 7{,}8 \text{ cm}^2.$$

Bewehrung: 2 R. S. ⌀ 22 mm = 7,6 cm² mit Annahme einer Nutzhöhe von $h = 62$ cm.

Gesamtdicke $d_o = h + \dfrac{\varnothing}{2} + \varnothing_b + 1{,}5 = 62 + 1{,}1 + 0{,}6 + 1{,}5 \doteq 65$ cm.

c) Kontrollrechnung:

$$\sigma_e \, \sigma_b \, F_e \, b \cdot \left(\frac{z}{h}\right)^2 \cdot \frac{x}{h} \cdot h^3 \geqq 2\, M^2.$$

$120 \cdot 5 \cdot 0{,}076 \cdot 1{,}6 \cdot 0{,}87^2 \cdot 0{,}38 \cdot 6{,}2^3 \geqq 2 \cdot 49{,}5^2; \; 5000 \geqq 4900.$

2. $M = -\, 49{,}5$ tdm; $d = 3{,}3$ dm; $h \doteq 3{,}0$ dm.

a) Berechnung der Breite b.

Nach Tabelle VII besteht mit $\dfrac{\sigma_e}{\sigma_b} = 24$ die Gleichung (70)

$$3{,}0 = 2{,}44 \sqrt{\frac{4{,}95}{b \cdot 5}},$$

woraus nach Umformung folgt:

$$b = \frac{2{,}44^2}{3{,}0^2} \cdot \frac{4{,}95}{5} = 6{,}6 \text{ dm} = 66 \text{ cm}.$$

b) Berechnung des Stahlquerschnittes F_e.

Nach Tabelle VII ist mit $\dfrac{\sigma_e}{\sigma_b} = 24$ in der 4. Spalte. der Wert von $\dfrac{100\,F_e}{b\,h}$ in der 1. Spalte

$$\frac{100\,F_e}{b\,h} = 0{.}8; \quad F_e = 0{,}8 \cdot \frac{66{,}0 \cdot 30}{100} = 15{,}8 \text{ cm}^2 = 0{,}158 \text{ dm}^2.$$

Bewehrung: 4 R. S. ⌀ 22 mm = 15,2 cm² mit $b = 70$ cm.

c) Kontrollrechnung:

$$\sigma_e \, \sigma_b \, F_e \, b \cdot \left(\frac{z}{h}\right)^2 \cdot \frac{x}{h} \cdot h^3 \geqq 2\, M^2.$$

$120 \cdot 5 \cdot 0{,}152 \cdot 7{,}0 \cdot 0{,}87^2 \cdot 0{,}38 \cdot 3{,}0^3 \geqq 2 \cdot 4{,}95^2; \; 4950 \geqq 4900.$

Plattenbalkenquerschnitt

Spannungsberechnung

Liegt die Nullinie in der Platte, so gelten die Beziehungen für den Rechteckquerschnitt.

Liegt die Nullinie in der Rippe, so gelten folgende Beziehungen:

$$(74) \quad \begin{cases} \text{Hilfsgrößen}: \quad r = \dfrac{(b - b_0)\, d + 15\,(F_e + F_e')}{b_0} \\[2ex] \qquad\qquad s = \dfrac{(b - b_0)\, d^2 + 30\,(F_e\, h + F_e'\, h')}{b_0} \end{cases}$$

$$(75) \quad \text{Abstand der Nullinie vom Druckrand}: \quad x = \sqrt{r^2 + s} - r$$

$$(76) \quad \begin{cases} \text{Trägheitsmoment}: \\[1ex] J = \dfrac{b\, x^3 - (b - b_0)\,(x - d)^3}{3} + 15\, F_e\,(h - x)^2 + 15\, F_e'\,(x - h')^2 \end{cases}$$

$$(77) \quad \begin{cases} \text{Druckspannung des Betons}: \quad \sigma_b = \dfrac{M\, x}{J} \\[2ex] \text{Zugspannung des Eisens}: \quad \sigma_e = \dfrac{15\, M\,(h - x)}{J} \\[2ex] \text{Druckspannung des Eisens}: \quad \sigma_e' = \dfrac{15\, M\,(x - h')}{J} \end{cases}$$

$$(78) \quad \text{Hebelarm der Innenkräfte}: \quad z = \dfrac{J}{15\, F_e\,(h - x)}$$

$$(79) \quad \begin{cases} \text{Wagrechte Schubspannung in der Nullinie}: \\[1ex] \qquad\qquad \tau_0 = \dfrac{Q}{b_0\, z} \\[2ex] \text{Haftspannung an den Zugeisen mit dem Umfange } u: \\[1ex] \qquad\qquad \tau_1 = \dfrac{Q}{u\, z} \\[2ex] \text{Haftspannung an den Druckeisen mit dem Umfange } u': \\[1ex] \qquad\qquad \tau'_1 = \dfrac{x - h'}{h - x} \cdot \dfrac{Q}{u'\, z} \end{cases}$$

Querschnitt nur zugbewehrt: $F_e' = 0$, bei Vernachlässigung der Druckspannungen in der Rippe (hiezu Tabelle IX).

$$(80) \quad x = \frac{b\, d^2 + 30\, F_e\, h}{2\, b\, d + 30\, F_e}; \quad y = \frac{d}{3} \cdot \frac{3\, x - 2\, d}{2\, x - d}; \quad z = h - y$$

$$(81) \quad \sigma_e = \frac{M}{F_e\, z}, \quad \sigma_b = \frac{\sigma_e}{15} \cdot \frac{x}{x - h}, \quad \tau_0 = \frac{Q}{b_0\, z}, \quad \tau_1 = \frac{Q}{u\, z}$$

Tabelle IX. Hilfstafel für den zugbewehrten Rippenquerschnitt bei Vernachlässigung der Druckspannungen in der Rippe

$\dfrac{100\,F_e}{b\,h}$	$\dfrac{x}{h}$							$\dfrac{z}{h}$							$\dfrac{\sigma_e}{\sigma_b}$							$\dfrac{100\,F_e}{b\,h}$
	$\dfrac{d}{h}=0,1$	0,15	0,20	0,25	0,30	0,35	0,40	$\dfrac{d}{h}=0,1$	0,15	0,20	0,25	0,30	0,35	0,40	$\dfrac{d}{h}=0,1$	0,15	0,20	0,25	0,30	0,35	0,40	
0,1	0,17	0,16	0,16	0,16	0,16	0,16	0,16	0,96	0,95	0,95	0,95	0,95	0,95	0,96	71,3	79,4	79,4	79,4	79,4	79,4	79,4	0,1
0,2	0,27	0,23	0,22	0,22	0,22	0,22	0,22	0,95	0,94	0,93	0,93	0,93	0,93	0,93	40,8	50,6	54,2	54,2	54,2	54,2	54,2	0,2
0,3	0,35	0,29	0,26	0,26	0,26	0,26	0,26	0,95	0,93	0,92	0,91	0,91	0,91	0,91	28,4	37,2	41,6	43,0	43,1	43,1	43,1	0,3
0,4	0,41	0,34	0,31	0,29	0,29	0,29	0,29	0,95	0,93	0,91	0,90	0,90	0,90	0,90	21,8	29,3	33,7	36,0	36,5	36,5	36,5	0,4
0,5	0,46	0,38	0,35	0,33	0,32	0,32	0,32	0,95	0,93	0,91	0,90	0,89	0,89	0,89	17,8	24,2	28,3	30,9	31,8	32,0	32,0	0,5
0,6	0,50	0,42	0,38	0,36	0,35	0,34	0,34	0,95	0,93	0,91	0,90	0,89	0,89	0,89	15,0	20,6	24,6	27,1	28,3	28,6	28,6	0,6
0,7	0,54	0,46	0,41	0,38	0,37	0,37	0,37	0,95	0,93	0,91	0,90	0,89	0,88	0,88	12,9	17,9	21,6	24,1	25,4	26,0	26,1	0,7
0,8	0,57	0,49	0,44	0,41	0,39	0,39	0,38	0,95	0,93	0,91	0,89	0,88	0,87	0,87	11,4	15,8	19,2	21,7	23,2	23,9	24,0	0,8
0,9	0,60	0,51	0,46	0,43	0,41	0,41	0,40	0,95	0,93	0,91	0,89	0,88	0,87	0,87	10,1	14,2	17,4	19,7	21,3	22,1	22,3	0,9
1,0	0,62	0,54	0,49	0,45	0,43	0,42	0,42	0,95	0,93	0,91	0,89	0,88	0,87	0,86	9,2	12,9	15,8	18,1	19,6	20,5	20,8	1,0
1,1	0,64	0,56	0,51	0,47	0,45	0,44	0,43	0,95	0,93	0,91	0,89	0,88	0,86	0,86	8,4	11,8	14,6	16,6	18,3	19,1	19,7	1,1
1,2	0,66	0,58	0,53	0,49	0,47	0,46	0,47	0,95	0,93	0,91	0,89	0,87	0,86	0,85	7,7	10,9	13,5	15,6	16,9	18,0	18,5	1,2
1,3	0,68	0,60	0,54	0,51	0,49	0,47	0,46	0,95	0,93	0,91	0,89	0,87	0,86	0,85	7,1	10,1	12,6	14,5	15,9	16,9	17,5	1,3
1,4	0,69	0,62	0,56	0,52	0,50	0,48	0,48	0,95	0,93	0,91	0,89	0,87	0,86	0,85	6,6	9,4	11,7	13,6	15,0	15,0	16,5	1,4
1,5	0,71	0,63	0,58	0,54	0,52	0,50	0,49	0,95	0,93	0,91	0,89	0,87	0,86	0,85	6,2	8,8	11,0	12,8	14,1	15,2	15,7	1,5

Querschnitt steif zugbewehrt:
Trägheitsmomente der eingelegten Walzprofile: J_e.
Querschnitt der eingelegten Walzprofile: F_e.
Abstand der Schwerachse derselben vom Druckrand: h.

$$x = \frac{b\,d^2 + 30\,F_e\,h}{2\,b\,d + 30\,F_e}\,;\quad z = \frac{J}{15\,F_e\,(h-x)}.$$

$$J = \frac{bx^3 - (b-b_0)\,(x-d)^3}{3} + 15\,J_e + 15\,F_e\,(h-x)^2.$$

$$\sigma_e = \frac{15\,M\,(h-x)}{J}\,,\quad \sigma_b = \frac{M\,x}{J}\,,\quad \tau_0 = \frac{Q}{b\,z}\,,\quad \tau_1 = \frac{Q}{u\,z}.$$

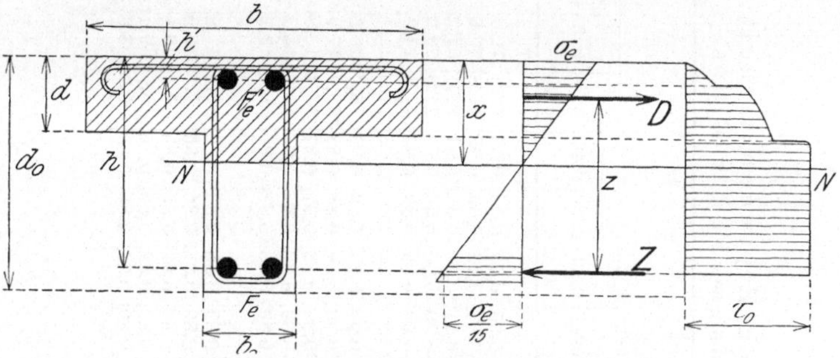

Abb. 60. Plattenbalkenquerschnitt bei Biegung

Beispiel zur Spannungsberechnung im Plattenbalkenquerschnitt

$M = 5{,}17$ tm $= 51{,}7$ tdm; $b = 11{,}2$ dm; $d_0 = 3{,}3$ dm; $d = 8$ cm.
Bewehrung: 5 R. S. ⌀ 22 mm $= 0{,}1901$ dm², Anordnung in 2 Reihen;
$$h = 33 - 1{,}5 - 0{,}7 - 1{,}5 \cdot 2{,}2 = 27{,}5\,\text{cm}.$$

1. Berechnung der Betonpressung.
In Tabelle IX sucht man in der 1. Spalte
$$\frac{100\,F_e}{b\,h} = \frac{100 \cdot 0{,}19}{11{,}2 \cdot 2{,}75} = 0{,}62$$
und mit dem Verhältnis
$$\frac{d}{h} = \frac{8}{27{,}5} \doteq 0{,}30$$
den Wert von $\dfrac{z}{h}$ in der 13. Spalte
$$\frac{z}{h} = 0{,}89,\quad z = 0{,}89 \cdot 27{,}5 = 24{,}5\,\text{cm}.$$
Die Eisenspannung ist nach Gleichung (81)
$$\sigma_e = \frac{51{,}7}{0{,}19 \cdot 2{,}45} = 111\,\text{t/dm}^2 = 1110\,\text{kg/cm}^2.$$

2. Berechnung der Eisenspannung.

In Tabelle IX sucht man in der 1. Spalte

$$\frac{100\,F_e}{b\,h} = 0{,}62$$

und mit dem Verhältnis

$$\frac{d}{h} \doteq 0{,}30$$

den Wert von $\dfrac{x}{h}$ in der 6. Spalte

$$\frac{x}{h} = 0{,}35, \quad x = 0{,}35\,.\,27{,}5 = 9{,}6\ \text{cm}.$$

Da $x > d$, so liegt ein eigentlicher Plattenbalkenquerschnitt vor. Die Betonspannung ist nach Gleichung (81)

$$\sigma_b = \frac{1110}{15}\ \frac{9{,}6}{27{,}5 - 9{,}6} = 39{,}7\ \text{kg/cm}^2.$$

3. Kontrollrechnung.

Aus Tabelle IX folgt mit

$$\frac{100\,F_e}{b\,h} = 0{,}62, \quad \frac{d}{h} = 0{,}30$$

der Wert des Spannungsverhältnisses

$$\frac{\sigma_e}{\sigma_b} = 27{,}7,$$

welcher mit dem Verhältnis der errechneten Spannung

$$\frac{1110}{39{,}7} = 28$$

in genügender Übereinstimmung steht.

Querschnittsermittlung für den zugbewehrten Rippenquerschnitt für $\sigma_e = 1200$ und $\sigma_b = 40$ bei Vernachlässigung der Druckspannungen in der Rippe

$$\text{Nutzhöhe:}\ h = a\sqrt{\frac{M}{b}} \tag{82}$$

$$F_e = \frac{100\,F_e}{b\,h} \cdot \frac{b\,h}{100} \tag{83}$$

$$x = \frac{h}{3} \tag{84}$$

Die Werte a und $\dfrac{100\,F_e}{b\,h}$ sind vom Leitwert $\sqrt{\dfrac{M}{b\,d^2}}$ abhängig und aus der Tabelle X zu entnehmen.

Tabelle X. Bemessung des zugbewehrten Rippenquerschnittes für $\sigma_b = 40\,\text{kg/cm}^2$

Leitwert $\sqrt{\dfrac{M}{b\,d^2}}$	7,33	8	10	12	14	16	18	20
Wert von a	0,41	0,41	0,43	0,45	0,48	0,52	0,56	0,59
$\dfrac{100\,F_e}{b\,h}$	0,56	0,55	0,51	0,45	0,39	0,33	0,28	0,25

Ist $\sqrt{\dfrac{M}{b\,d^2}} < 7{,}33$, so liegt ein rechnungsmäßiger Rechteckquerschnitt vor.

Beispiel zur Bemessung des Plattenbalkenquerschnittes

Der in Abb. 58 dargestellte Zweifeldträger wird im Feld l_1 durch ein größtes Biegungsmoment: $M_{m,1} = 51{,}7$ tdm beansprucht. Die Plattendicke $d = 8$ cm, die Trägerdicke: $d_0 = 33$ cm, die Rippenbreite: $b_0 = 16$ cm, die Plattenbreite: $b = 12 \cdot 8 + 16 = 112$ cm. Da bei der sehr schmalen Rippe die Rundstähle in zwei Reihen angeordnet werden müssen, ist $h = 33 - 1{,}5 - 0{,}6 - 4 = 27$ cm. Die zulässigen Randspannungen sind laut § 19, S. 129: $\sigma_{b,\,\text{zul}} = 40\ \text{kg/cm}^2$; $\sigma_{e,\,\text{zul}} = 1200\ \text{kg/cm}^2$.

1. Berechnung des Stahlquerschnittes.

$$z \doteq h - \frac{d}{2} = 23\ \text{cm}.$$

Nach Gleichung (81) ist

$$F_e = \frac{51{,}7}{120 \cdot 2{,}3} = 0{,}1875\ \text{dm}^2 = 18{,}75\ \text{cm}^2.$$

Bewehrung: 5 R. S. ∅ 22 mm $= 19{,}0\ \text{cm}^2$.

2. Feststellung der Querschnittstype.

Aus Tabelle IX folgt mit

$$\frac{100\,F_e}{b\,h} = \frac{100 \cdot 19}{112 \cdot 27{,}5} = 0{,}62$$

und dem Verhältnis, wobei jetzt richtig: $h = 27{,}5$ cm,

$$\frac{d}{h} = \frac{8}{27{,}5} = 0{,}30$$

der Nullinienabstand

$$\frac{x}{h} = 0{,}35;\ \ x = 0{,}35 \cdot 27{,}5 = 9{,}6\ \text{cm}.$$

Da $x > d$ liegt ein eigentlicher Plattenbalkenquerschnitt vor.

3. Berechnung der Betonpressung.

Aus Tabelle IX folgt mit $\dfrac{100\,F_e}{b\,h} = 0{,}62$ und $\dfrac{d}{h} = 0{,}30$

der Wert von $\dfrac{z}{h}$ in der 13. Spalte

$$\frac{z}{h} = 0{,}89;\; z = 0{,}89 \times 27{,}5 = 24{,}5 \text{ cm}$$

und die zugehörige Eisenspannung nach Gleichung (81)

$$\sigma_e = \frac{51{,}7}{0{,}19 \cdot 2{,}45} = 111 \text{ t/dm}^2 = 1110 \text{ kg/cm}^2.$$

Die Betonspannung ist nach Gleichung (81)

$$\sigma_b = \frac{1110}{15} \cdot \frac{9{,}6}{27{,}5 - 9{,}6} = 39{,}7 < 40 \text{ kg/cm}^2.$$

Wäre $\sigma_b > 40$ kg/cm², so müßte entweder h oder F_e vergrößert werden.

4. Kontrollrechnung.

Diese erfolgt so wie bei der Spannungsberechnung, S. 93, Z. 3.

C. Die Berechnung der Schubsicherung

Allgemeine Ableitungen

Die Schubkraft über eine gewisse Länge in der Nullschichte eines Trägers ermittelt sich aus der Formel

$$S = \frac{M_a - M_b}{z} \qquad (85)$$

wobei z den Hebelarm der inneren Kräfte (als Konstante angenommen) und $M_a - M_b$ den Momentenzuwachs über die angenommene Länge bedeuten.

S ist am größten, wenn $M_a - M_b$ über eine gewisse Länge am größten ist, wobei M_a und M_b aber ein und derselben Momentenlinie angehören müssen. Für die von der Stütze bis zur Stelle von $M_{\max}$ auftretende Schubkraft ergibt sich beim freigelagerten Träger:

$$S = \frac{M_{\max}}{z} \qquad (86)$$

Abb. 61. Tangenten an die Momentenparabel

beim eingespannten Träger, wenn M_1 das Einspannmoment über der linken und M_2 dasselbe über der rechten Stütze bezeichnet, beide Werte absolut genommen:

und entsprechend:

$$\left.\begin{aligned} S_1 &= \frac{M_1 + M_{max}}{z} \\[2mm] S_2 &= \frac{M_2 + M_{max}}{z} \end{aligned}\right\} \tag{87}$$

Laut § 19, Ziffer 5, nimmt der Beton eine zulässige Schubspannung von $\tau_{0,\,zul}$ auf. In dem Bereich, in welchem die zulässige Schubspannung nicht überschritten wird, braucht nach der Önorm, abweichend von den deutschen Bestimmungen keine eigene Schubsicherung angeordnet werden.

Die zugehörige Querkraft ist:

$$Q_\tau = b_0 \cdot z \cdot \tau_{0,\,zul} \tag{88}$$

Um die Punkte t_1 und t_2 aufzufinden, bis zu welchen die Querkraft Q_τ nicht überschritten wird, erinnere man sich daran, daß die Querkraft durch das Neigungsverhältnis der Tangente an die Momentenlinie dargestellt wird; man hat daher nur die Tangenten T_1 und T_2 an die Momentenlinie zu legen, deren Neigungsverhältnis dem Werte Q_τ entspricht. Hiebei muß man berücksichtigen, daß die Schlußlinie $S - S$ als Momentenbezugslinie geneigt ist und daher die Strecke Q_τ im gleichen Maßstabe wie die Momente von einer zur Schlußlinie parallelen Geraden abzutragen ist. Durch die in den Nebenfiguren der Abb. 62 angedeutete Konstruktion erhält man die Richtung der Tangenten T_1 und T_2. Deren Berührungspunkte t_1 und t_2 liegen bei schiefsymmetrischer Momentenlinie auf einerzu $S - S$ parallelen Geraden, deren Abstand $a\,b$ von T die Größe des zugehörigen Momentes M_τ im Momentenmaßstab gibt.

Bei gleichmäßig verteilter Belastung q erfolgt die Ermittlung von t_1, z. B. zeichnerisch nach Abb. 61, indem man parallel T_1 die Sehne 1 bis 3 zieht und 5 als Mittelpunkt der Strecke 4 bis 2 bestimmt oder rechnerisch nach der Beziehung

$$\overline{t_1\,b} = \overline{t_2\,b} = \frac{Q_\tau}{q}$$

mit den Bezeichnungen der Abb. 62.

Das Moment, welches von den Schrägeisen mit dem Gesamtquerschnitt F_{es} aufgenommen werden kann, ist:

$$M_s = F_{es} \cdot \sigma_e \cdot \sqrt{2} \cdot z \tag{89}$$

Dieses trägt man über M_τ durch die Strecke $\overline{b\,c}$ auf. Ist durch $M_\tau + M_s$ der Momentenzuwachs $M_1 + M_{max}$, bzw. $M_2 + M_{max}$ noch nicht gedeckt, so müssen die Reste $M_{b,\,l}$, bzw. $M_{b,\,r}$ durch Bügel gedeckt werden. Es ist dann:

$$M_{b,\,l} = M_{max} + M_1 - M_\tau - M_s \left.\right\} \tag{90}$$
$$M_{b,\,r} = M_{max} + M_2 - M_\tau - M_s$$

Die Bügelquerschnitte ergeben sich aus (vgl. S. 20):

$$F_{e\,b,\,l} = \frac{M_{b,\,l}}{z \cdot \sigma_e} \left.\right\} \tag{91}$$
$$F_{e\,b,\,r} = \frac{M_{b,\,r}}{z \cdot \sigma_e}$$

Die Austeilung der Bügel erfolgt in gleichen Abständen.

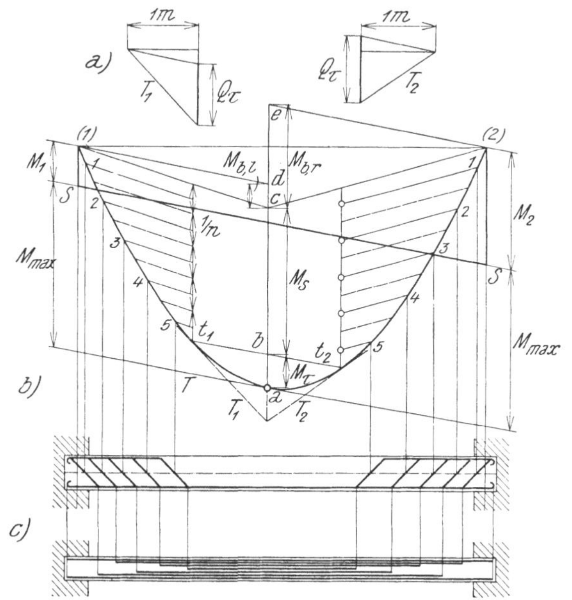

Abb. 62. Zeichnerische Ermittlung der Schrägbewehrung

Die Austeilung der Schrägstähle beruht auf folgender Überlegung. Man teile sich den Momentzuwachs $M_1 + M_{max} - M_\tau$ in soviele Teile, als man Schrägstähle anzuordnen gedenkt. Zweckmäßig benützt man als Teilstrecke die Senkrechte durch t_1 bis zu deren Schnitt mit $c\,f$, zieht durch die Teilpunkte Parallele zu $c\,f$ und schneidet die zugehörige Momentenlinie. Jedem dieser

Abschnitte entspricht dann die von einem Schrägstahl aufzunehmende Schubkraft, in deren Schwerpunkt der Stahl die neutrale Schicht schneiden soll. Diese Schwerpunkte findet man sofort, indem man jeden Momentenzuwachs halbiert und parallel zu der Verbindungslinie der Stützmomente die Momentenlinie schneidet. Zweckmäßig zeichnet man sich gleich nur diese Halbierungslinien und erspart sich die Linien durch die Teilpunkte. Auf diese Weise erhält man die Punkte 1 bis 5 und lotet dieselben in die Balkenmittellinie, wo sie die Orte der Aufbiegungen festlegen (Abb. 62 b).

Besser als diese rein schulmäßige Methode der Aufteilung der Schrägeisen ist es, das einfache oder doppelte Strebensystem nach Abb. 22 oder 23 beizubehalten und lieber die Zahl der aufzubiegenden Stähle dem Momentenzuwachs anzupassen. Die etwa übrig bleibenden Schubkräfte werden dann durch Bügel gedeckt.

Hat man von vornherein keinen Überblick über die Abbiegungsstellen und sonstige Anordnung der Schrägstähle, so diene zur Richtschnur, daß bei gleichförmig verteilter Belastung die Querkraftlinie eine geneigte Gerade und bei nur einer Einzellast eine einfache Stufe ist. Im ersten Fall ergibt die Austeilung der Schnittpunkte der Schrägstähle mit der Mittellinie eine gegen das Auflager abnehmende Punktfolge, während im zweiten Fall die Schrägstähle in gleichen Abständen anzuordnen sind. Zwischen diesen Grenzfällen muß man bei unklaren Verhältnissen interpolieren, da ja zumindest das Eigengewicht des Trägers eine gleichmäßig verteilte Belastung darstellt.

Sehr wichtig ist bei schwer belasteten Konstruktionen eine zur lotrechten Mittelebene des Trägers symmetrische Anordnung der Längsstähle, die unbedingt notwendig ist, um eine Verdrehungsbeanspruchung zu vermeiden, die besonders bei Rechteckbalken große Werte annehmen kann. Es ist daher bei einer geraden Anzahl der Schrägstähle gar nicht möglich, als erstes nur einen Tragstahl abzubiegen, sondern man muß wenigstens zwei symmetrisch liegende heranziehen. Bei ungerader Anzahl der Tragstähle ist es umgekehrt wieder unmöglich, mit zwei Stählen zu beginnen. Anordnungen, wo jeweils nur einer aufgebogen wird, sollen wenigstens nach Abb. 62 c ausgeführt werden.

Behält man das Strebensystem bei, so muß bei gleichförmig verteilter Belastung als erster ein Stahl, dann drei, dann fünf usw. Tragstähle aufgebogen werden, wenn auf die Mitwirkung des Betons verzichtet wird.

Beispiel zur Momentendeckung und Schubsicherung

Für den in Abb. 58 a, b, c berechneten Zweifeldträger seien bei Ausführung mit Portlandzement und Stahl 37 die zulässigen Spannungen $\tau_0 = 4$ kg/cm², $\sigma_e = 1200$ kg/cm². Da die Tragstähle in erster Linie zur Momentendeckung verwendet werden müssen und erst nach Erledigung dieser Aufgabe zur Schubsicherung herangezogen werden können, so ist bei der genauen Durchrechnung von Trägern nach der Bemessung der Hauptquerschnitte die Vornahme der Momentendeckung durch passende Austeilung und Ablängung der Tragstähle die nächste Arbeit.

1. Momentendeckung.

Für die Ermittlung der notwendigen Momentendeckung im Trägerfeld l_1 und l_2 werden die voll ausgezogenen Stufenlinien benützt. Die Höhe der einzelnen Stufe beträgt bei fünf Rundstählen $\dfrac{M_{\max}}{5}$ für die positiven Feldmomente, und bei vier Rundstählen $-\dfrac{M_{2,\max}}{4}$ für das negative Stützmoment $-M_2$. Zwei Rundstähle lasse man immer an der Unterseite bis in das Auflager reichen. Die verbleibenden Tragstähle brauchen für die Momentendeckung im Felde nur mit der Länge 1—6, 2—5 und 3—4 an der Unterseite liegen. Die Stützmomente erfordern die an der Oberseite liegenden Tragstahllängen von 7 — d, 8 — c, 9 — b und 10 — a. Im Felde l_2 würde mit Beibehaltung des stärkeren Durchmessers nur ein Rundstahl nötig sein. Da man zur Sicherheit gegen Materialfehler immer mindestens zwei Tragstähle einlegt, so nimmt man 2 R. S. $\varnothing$ 16 mm, die von Auflager zu Auflager reichen. Die Bewehrung für die Momente $\pm M_3$, die sowohl positive wie negative Werte infolge der stark verschiedenen Feldweiten des Zweifeldträgers annehmen können, besteht für die negativen Werte aus 3 R. S. $\varnothing$ 16 mm, die mit einem Überstand von mindestens $15 \times \varnothing = 15 \times 16 = 240$ mm über den Punkt c reichen. Entsprechend reichen die, bei den Punkten c und d endigenden Stähle $15 \times 22 = 330$ mm über diese Punkte. Nach Durchführung der Momentendeckung erfolgt die Ermittlung der Schubsicherung und zwar immer für die Trägerabschnitte vom Auflagerquerschnitt bis zum Feldquerschnitt, in dem das Größtmoment $M_{\max}$ auftritt.

2. Schubsicherung: Hiezu sind natürlich die Momentenlinien mit den größten Momentenzunahmen heranzuziehen.

a) Feld l_1: $z = 24{,}5$ cm in Feldmitte, $z = 26{,}7$ cm über Auflager (2). Nachprüfung der Rippenbreite nach Gleichung 88, S. 96.

$$Q_{\max,\,\text{zul}} = b_0 \cdot z \cdot 13\ \text{kg/cm}^2 = 5{,}56\ \text{t}.$$

Die Endtangenten an die Momentenkurven dürfen höchstens unter $\dfrac{5{,}56\ \text{t}}{1{,}00\ \text{m}}$ gegen die Bezugsachse geneigt sein.

Bestimmung der Punkte t_1 und t_2, bis zu denen der Beton allein die Schubsicherung durchführt.

7*

$$Q_\tau = 16 \cdot 24{,}5 \cdot 4 = 1570 \text{ kg} = 1{,}57 \text{ t.}$$

Die Punkte t_1 und t_2 sind die Berührungspunkte der unter $\dfrac{1{,}57 \text{ t}}{1{,}00 \text{ m}}$ gegen die Bezugsachse geneigten Tangenten. Die Konstruktion von t_1 und t_2 erfolgt nach Abb. 63.

Linke Trägerhälfte:

Die drei zur Verfügung stehenden Rundstähle nehmen einen Momentenzuwachs:

$$M_s = 3 \cdot 3{,}80 \cdot 1200 \cdot \sqrt{2} \cdot 24{,}5 = 4{,}74 \text{ tm}$$

auf; da nur ein solcher von 4,25 tm als größter auftritt, ist die Schubsicherung durch die Schrägstähle allein gewährleistet. Mit Rücksicht auf § 14, Z. 9 sind jedoch Bügel anzuordnen.

Rechte Trägerhälfte: Mittelwert $z = \dfrac{24{,}5 + 26{,}7}{2} \doteq 25{,}5$ cm.

Die vier zur Verfügung stehenden Rundstähle nehmen einen Momentenzuwachs von

$$M_s = 4 \cdot 3{,}80 \cdot 1200 \cdot \sqrt{2} \cdot 25{,}5 = 6{,}58 \text{ tm}$$

auf; da die größte Momentenzunahme 9,20 tm beträgt, so sind 2,62 tm durch Bügel zu sichern. Der notwendige Bügelquerschnitt ist

$$F_{ebl} = \frac{262\,000}{25{,}5 \cdot 1200} = 8{,}6 \text{ cm}^2.$$

Der Abstand der Bügel soll die Nutzhöhe h nicht wesentlich überschreiten. Auf eine Länge von 2,05 m sind daher 2,05 : 0,30 = 7 Stück Bügel erforderlich. Der Durchmesser beträgt 10 mm, der Gesamtquerschnitt 14 $\times$ 0,78 = 11,0 > 8,6.

b) Feld l_2.

Die Rippenbreite ist ausreichend. Die Punkte t_1 und t_2 werden wie für das Feld l_1 bestimmt. Die Schubsicherung durch Schrägstähle stößt hier auf Schwierigkeiten.

Linke Trägerhälfte.

Da in der Rippe 2 R. S. $\varnothing$ 16 mm liegen, werden 2 R. S. $\varnothing$ 22 mm in den Punkten b und a, die der Momentendeckung entsprechen, durch die Trägermitte geführt und können noch in der Druckzone an der Unterseite verankert werden. Einen R. S. $\varnothing$ 22 mm entspricht ein Momentenzuwachs von $M_s = 1{,}50$ tm und wird durch die Strecken

3—4 und 5—6 dargestellt, wobei $3 - a = a - 4 = 5 - 2 = 2 - 6 = \dfrac{1{,}50}{2}$ tm.

Punkt 2 liegt unter Punkt b auf der stärker geneigten Momentenlinie. Es gibt nun mehrere Möglichkeiten, die Wirkung dieser beiden Schrägstähle in Rechnung zu setzen.

1. Man verbindet die Punkte 4 und 5 und zieht durch 3 und 6 Parallele zu dieser Verbindungslinie, die auf der maßgebenden Momentenlinie die Punkte 7 und 8 abgrenzen. Die Strecke s_1 stellt dann den Wirkungsbereich der Schrägeisen dar, innerhalb dessen keine Bügel zur Schubsicherung erforderlich sind. Die Momentenzunahme 1—3 und 8 — t_1 sind durch Bügel zu decken.

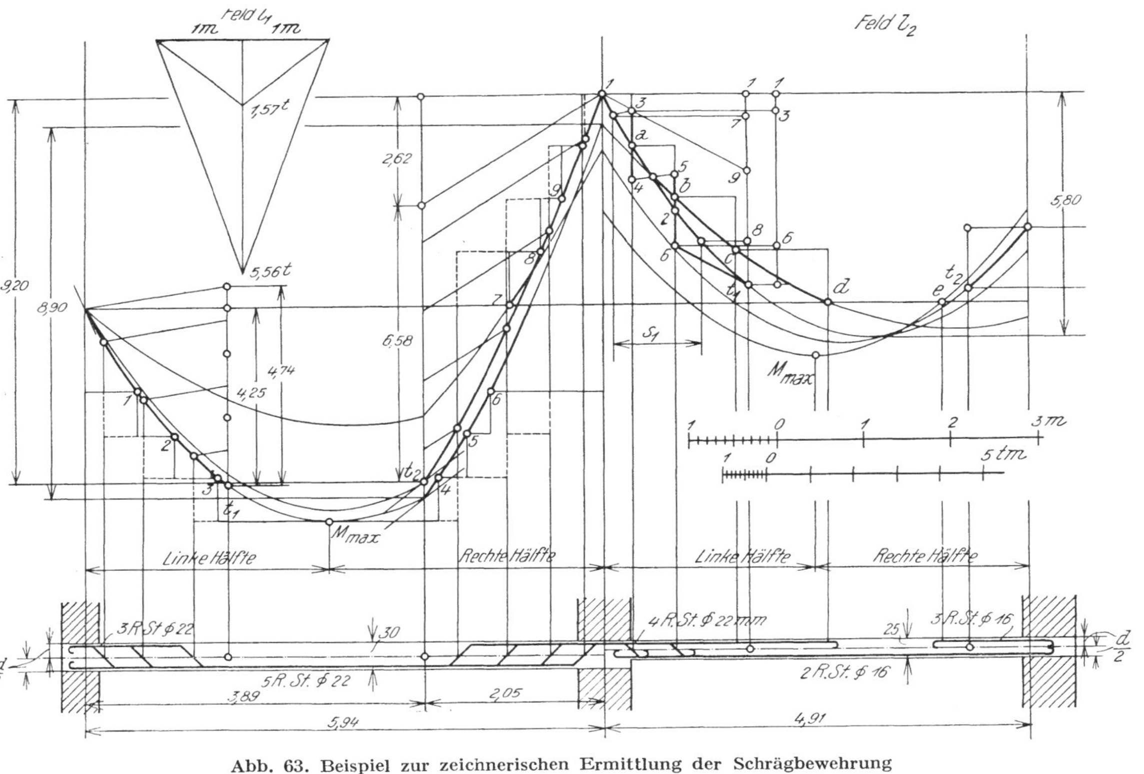

Abb. 63. Beispiel zur zeichnerischen Ermittlung der Schrägbewehrung

2. Will man eine gleichmäßige Bügelteilung durchführen, so schneidet man durch den Punkt 1 parallel zur Verbindungslinie $6 - t_1$ auf der Teilungslinie den Punkt 9 ab. Der Momentenzuwachs 1—9 ist dann gleichmäßig durch Bügel zu decken.

3. Am einfachsten ist es, durch 3 und 6 wagrechte Gerade zu ziehen und die Momentenzunahmen 1—3 und $6-t_1$ durch Bügel zu sichern.

Rechte Trägerhälfte.

Da keinerlei Schrägstähle angeordnet sind, erfolgt die Schubsicherung nur durch Bügel, die einen doppelschnittigen Gesamtquerschnitt von

$$F_{ebr} = \frac{145\,000}{20,9 \cdot 1200} = 5,8 \text{ cm}^2$$

erhalten.

D. Stützen unter mittigem Druck

Gewöhnliche Bügelbewehrung

6. Stützen mit gewöhnlicher Bügelbewehrung. Mittiger Druck. Bei Stützen ohne Knickgefahr und mit gewöhnlicher Bügelbewehrung (§ 14, Ziffer 10, Abs. 1) berechnet sich die zulässige mittige Belastung aus

$$(19) \qquad N = (F_b + 15\,F_e)\,\sigma_b = F_i\,\sigma_b$$

worin σ_b die zulässige Druckspannung des Betons für Stützen (§ 19, Tafel II), Fe die Querschnittfläche des Betons und F_b die Querschnittfläche der Längseisen bedeuten.

Die Bewehrung wird nur mit einer Spannung, welche gleich ist $15\,\sigma_b$ ausgenützt. Dieses ergibt bei gewöhnlichen Portlandzement 525 kg/cm² und bei frühhochfesten Portlandzement 675 kg/cm², so daß die Stahlspannung nicht nachgewiesen werden muß.

Da nach § 14, Ziffer 10, die Größe des Bewehrungsanteiles zwischen einer unteren Grenze von $8^0/_{00}$, bzw. $5^0/_{00}$ und einer oberen Grenze von $30^0/_{00}$ eingeschlossen ist, so ist natürlich auch die Erhöhung der Tragkraft durch die Einlage der Längsbewehrung beschränkt.

Für $F_e = 0,03\,F_b$ wird $N_{max} = 1,45 \cdot F_b \cdot \sigma_b$.

Wird die Säule mit einem größeren Betonquerschnitt F'_b ausgeführt als rechnerisch erforderlich ist, so kann das Bewehrungsverhältnis auf den erforderlichen Betonquerschnitt F_b bezogen werden. Ist σ'_b die zum Querschnitt F'_b gehörige niedrigere Betonspannung, so geht Gleichung (19) über in

$$(92) \qquad N = \left(F_b{}' + 15 \cdot \frac{F_b{}'}{F_b} \cdot F_e\right) \cdot \sigma'_b$$

Schreibt man Gleichung (19) in der Form:

$$N = F_b \cdot \sigma_b \cdot \left(1 + 15\frac{F_e}{F_b}\right)$$

und die vorige Gleichung ebenso:

$$N = F'_b \cdot \sigma'_b \cdot \left(1 + 15\frac{F_e}{F_b}\right)$$

so erkennt man, daß die Wirkung der Längsbewehrung bei beiden Ausführungen rechnerisch gleich ist.

Umschnürte Säulen

7. Umschnürte Säulen. Mittiger Druck. Bei Druckgliedern mit kreisförmigem Kernquerschnitt (§ 14, Ziffer 10, Abs. 1) soll die zulässige mittige Last aus

$$N = (F_k + 15F_e + 45F_s)\,\sigma_b = F_i\,\sigma_b \qquad (20)$$

berechnet werden. Hiebei bedeuten F_k den Querschnitt des umschnürten Kernes (durch die Mitte der Umwehrungseisen begrenzt), $F_s = \dfrac{\pi\,d\,F_1}{s}$, wenn d den mittleren Krümmungsdurchmesser der Umwehrungseisen, F_1 deren Querschnitt und s ihren Mittenabstand in der Richtung der Säulenachse bezeichnen.

Dabei muß sein

$$\left.\begin{aligned}F_i &= (F_k + 15F_e + 45F_s) \leqq 2F_b \\ F_e &\geqq \frac{1}{3}F_s\end{aligned}\right\} \qquad (21)$$

und

Besteht die Umwehrung aus hochwertigem Stahl, so kann ihre Wirkung im Verhältnis der erhöhten Streckgrenze vermehrt werden. Quadratisch oder rechteckig umwehrte Druckglieder sind nach Ziffer 6 zu berechnen.

Bei den umschnürten Säulen mit kreisförmigem Kernquerschnitt wird die Umwehrung tatsächlich bis zur Streckgrenze ausgenützt. Es sei hier bemerkt, daß diese Säulentype in Amerika die gewöhnliche ist und die Säulen mit gewöhnlicher Bügelbewehrung eine Ausnahmekonstruktion darstellen. Quadratische oder rechteckige Umwicklungen haben keinen sicheren Einfluß auf die Erhöhung der Tragfähigkeit und wird ihnen daher eine solche Wirkung nicht zuerkannt.

Bei Umwehrung aus hochwertigem Stahl schreibt sich die Formel 21:

$$F_i = F_k + 15F_e + 45\cdot F_s\,\frac{st_h}{st} \qquad (94)$$

wenn st_h und st die entsprechenden Streckgrenzen bedeuten.

Durch die Bedingungen (23) und § 14, Z. 10, 2. Hälfte, sind die Ausführungsmöglichkeiten der umschnürten Säulen stark eingeschränkt. Besonders die Festlegung $F_i \leqq 2\,F_b$ wirkt einengend, da das Verhältnis $\dfrac{F_k}{F_b}$ kaum unter 0,50 sinken dürfte. Nachstehende Tabelle XI zeigt die praktischen Ausführungsmöglichkeiten.

Tabelle XI. Ausführungsmöglichkeiten für umschnürte Säulen

$\dfrac{100\,F_e}{F_b}$	0,8	0,9	1,0
$\dfrac{100\,F_s}{F_b}$	0 — 2,4	0 — 2,8	0 — 3,0
$\dfrac{100\,(F_e + F_s)}{F_b}$	0,8 — 3,2	0,9 — 3,6	1,0 — 4,0
$\left(\dfrac{F_k}{F_b}\right)_{\min}$	0,8	0,65	0,5

Die Formel für die Tragkraft umschnürter Säulen

$$N = \sigma_b \,(F_k + 15\,F_e + 45\,F_s)$$

lehnt sich ihrem Bau nach an theoretische Überlegungen an, ist jedoch in ihren absoluten Werten aus Bruchversuchen erschlossen.

Die Wirkung der Umschnürung besteht bei Druckbelastung einer zylindrischen Säule bekanntlich darin, daß sie die auftretende Querdehnung derselben behindert, durch diese aber selbst eine Dehnung erfährt, die natürlich mit einer Längsbeanspruchung verbunden ist. Die Umschnürung übt nun ihrerseits auf dem Säulenmantel Druckkräfte aus; der Beton wird daher nicht nur in der Richtung der Säulenachse, sondern auch von der Manteloberfläche her auf Druck beansprucht, steht also unter allseitigem Druck. Bei einem derartigen Kraftangriffe ist aber die Druckfestigkeit der Baustoffe eine ganz bedeutend höhere als nur unter Längsdruck. Diese Erhöhung der Druckfestigkeit gestattet es, die zulässige Beanspruchung für den Beton entsprechend hinaufzusetzen.

Zwecks Berechnung der auftretenden Spannungen lege man sich in die Säule ein Zylinderkoordinatensystem mit der Säulenmittellinie als X-Achse; der Normalabstand eines Punktes von ihr sei mit r bezeichnet. Die in der Richtung der X-Achse wirkende Normalspannung heiße σ_x, die in der radialen Richtung r wirkende σ_r und die normal zu beiden stehende, an einen Kreis mit dem Radius r tangential angreifende σ_t. Die in den durch die X-Achse gehenden Ebenen liegenden Schubspannungen seien τ; da die Belastung der

Oberfläche längs aller Zylindererzeugenden die gleiche Verteilung aufweisen soll, treten andere Schubspannungen nicht auf. Die zu den Normalspannungen gehörigen bezogenen Dehnungen seien ε_t, ε_r und ε_x. Der Verschiebungsweg eines Punktes heiße ξ in der X-Richtung, ϱ in der radialen Richtung. Zwischen Dehnungen und Verschiebungen bestehen die Beziehungen:

$$\varepsilon_x = \frac{\delta \xi}{\delta x}, \quad \varepsilon_r = \frac{\delta \varrho}{\delta r}, \quad \varepsilon_t = \frac{\varrho}{r} \tag{1}$$

In diesen Größen ausgedrückt ergeben sich die Spannungen zu

$$\left.\begin{aligned}
\sigma_x &= 2\,G\left(\frac{\delta \xi}{\delta x} + \frac{e}{m-2}\right) \\
\sigma_r &= 2\,G\left(\frac{\delta \varrho}{\delta r} + \frac{e}{m-2}\right) \\
\sigma_t &= 2\,G\left(\frac{\varrho}{r} + \frac{e}{m-2}\right) \\
\tau &= G\left(\frac{\delta \xi}{\delta r} + \frac{\delta \varrho}{\delta x}\right) \\
e &= \varepsilon_x + \varepsilon_r + \varepsilon_t
\end{aligned}\right\} \tag{2}$$

Bei über die Endflächen und am Mantel gleichmäßig verteilter Normalbelastung ist die Formänderung beschrieben durch

$$\xi = c\,x, \quad \varrho = a\,r \tag{3}$$

Die Spannungen werden damit durch folgende Ausdrücke gegeben:

$$\left.\begin{aligned}
\sigma_x &= \frac{2\,G}{m-2}\,[2\,a + c\,(m-1)] \\
\sigma_r &= \sigma_t = \frac{2\,G}{m-2}\,[m\,a + c]
\end{aligned}\right\} \tag{4}$$
$$\tau = 0$$

Bei Gleichlast p über den Endflächen ist, wenn der Mantel lastfrei bleibt:

$$\sigma_x = -\,p, \quad \sigma_r = \sigma_t = 0$$

und nach Gleichung (3) und (4) errechnet sich

$$\varepsilon_x = -\frac{p}{E}, \quad \varepsilon_r = \frac{p}{m\,E}.$$

Bei Gleichlast q am Zylindermantel, wenn die Endflächen lastfrei sind, ist

$$\sigma_x = 0, \quad \sigma_r = -\,q$$

und wie vor

$$\varepsilon_x = \frac{2\,q}{m\,E}, \quad \varepsilon_r = -\frac{q}{E} \cdot \frac{m-1}{m}\,*.$$

Überlagert man die beiden Spannungszustände, so ist

---

* Diese Ableitung wurde hauptsächlich gegeben, um den vielfach verwendeten Ansatz: $\varepsilon_r = -\dfrac{q}{m\,E}$ richtigzustellen.

$$(5) \quad \begin{cases} E\varepsilon_x = -p + p\,\dfrac{2}{m} \\[2ex] E\,\varepsilon_r = E\,\varepsilon_t = \dfrac{p}{m} - q\,\dfrac{m-1}{m} \end{cases}$$

Die am Umfang fest aufliegende Umschnürung . muß, wenn keine Gleitungen auftreten sollen, die gleiche bezogene Dehnung ε_r aufweisen wie die Manteloberfläche; bedeuten σ_u die Spannung, E_u das Elastizitätsmaß der Umschnürung, so muß sein:

$$(6) \quad \varepsilon_u = \varepsilon_r = \frac{\sigma_u}{E_u}$$

Die Dehnung ε_x unterliegt keiner Kontinuitätsbedingung bezüglich der Umschnürung. Dadurch unterscheidet sich die Wirkung einer solchen von einer Rohrumwehrung sehr wesentlich. Für diese müßte an der Berührungsfläche zwischen Betonkern und Rohrmantel, wenn man nicht die Möglichkeit von endlichen Gleitungen zulassen wollte, ε_x gleich groß sein. Dadurch würde sich in der Säule und in der Umwehrung ein ziemlich verwickelter Spannungszustand und zusätzliche Beanspruchungen einstellen.

Die Umschnürung sei genügend dicht ausgebildet, so daß die von ihr auf den Zylindermantel ausgeübte Druckkraft genügend genau gesetzt werden könne:

$$(7) \quad -q_u = \frac{2F_1\,\sigma_u}{d_k\,t}$$

Setzt man die Gleichung (6) und (7) in Gleichung (4) ein, so erhält man:

$$(8) \quad \begin{cases} \sigma_u = \dfrac{p}{m\,\dfrac{E_b}{E_u} + \dfrac{2F_1}{d_k t}(m-1)} = \dfrac{n\,\sigma_x}{m\left(1 + \dfrac{n_{i}\mu_u}{2}\cdot\dfrac{m-1}{m}\right)} \\[4ex] \sigma_r = q_u = \dfrac{p}{m\,\dfrac{E_b\,d_k t}{2\,E_u F_1} + m - 1} \\[4ex] \sigma_r = \sigma_u \cdot \dfrac{\mu_u}{2} \end{cases}$$

Vorstehende Gleichungen sind aus den gebräuchlichen Elastizitätsgleichungen abgeleitet, die auf der Voraussetzung beruhen, daß E und m konstant sind. Diese Annahme trifft bekanntlich beim Beton so wenig zu, daß für verwickeltere Fälle nicht einmal Näherungslösungen damit aufgestellt werden können. Erweitert man die gewöhnlichen Elastizitätsgleichungen für die bei den meisten Körpern vorhandene Tatsache, daß E und m von σ_x, σ_r und σ_t, also vom Spannungszustand abhängen, so erhält man für den einfachen Belastungsfall, wie er bei auf reinen Druck beanspruchten umschnürten Säulen vorliegt, nämlich für den an den Endflächen und auf der Manteloberfläche gleichförmig belasteten Zylinder, die gleichen Ergebnisse wie in Gleichung (7), nur daß jetzt darin E und m mit σ_x, σ_r und σ_t veränderlich sind.

Setzt man zur Abkürzung:

$$\frac{1}{a} = \frac{m-1}{2}\left(\frac{2\,m}{m-1}\cdot\frac{1}{n}+\mu_u\right) \qquad (9)$$

so ist:

$$\sigma_u = a\,.\,p \qquad (10)$$

Die Erhöhung der Festigkeit wird durch den Manteldruck σ_r bewirkt, man kann daher setzen

$$\sigma_{x,\,\mathrm{max}} = k_b + a\,\sigma_r = k_b + a\,\sigma_u\frac{\mu_u}{2} \qquad (11)$$

wobei a wegen der nicht sehr großen Mantelkräfte vorläufig als konstant angenommen werden kann.

Ist knapp vor dem Bruch

$$p = \sigma_{x,\,\mathrm{max}}$$

so ergibt sich aus (10) und (11):

$$\sigma_{x,\,\mathrm{max}} = \frac{k_b}{1-a\dfrac{a}{2}\mu_u} \doteq k_b\left\{1+\mu_u\left[\frac{a\,a}{2}+\right.\right.$$
$$\left.\left.+\left(\frac{a\,a}{2}\right)^2\mu_u+\left(\frac{a\,a}{2}\right)^3\mu_u{}^2+\cdots\right] \qquad (12)$$

Aus dieser Gleichung folgt zur Genüge, daß Gleichung (20) der Önorm nur eine sehr grobe Näherung darstellt und durchaus nicht so einfache Verhältnisse vorliegen, wie man in der Praxis zuweilen glaubt, da der Wert in der eckigen Klammer sicher nicht konstant ist.

Knickung

8. **Knickberechnung.** Mittig belastete Stützen, deren Höhe bei quadratischem oder rechteckigem Querschnitt mehr als das 15fache, bei umschnürtem Kernquerschnitt mehr als das 13fache der kleinsten Stützendicke beträgt, sind auf Knicksicherheit zu untersuchen. Hiezu ist statt der Gleichungen (19) und (20) die folgende zu verwenden.

$$\omega\,.\,N = \sigma_{b\,\mathrm{zul}}\,.\,F_i \qquad (22)$$

worin ω die Knickzahl, d. i. das Verhältnis der zulässigen Druckbeanspruchung $\sigma_{b\,\mathrm{zul}}$ zur zulässigen Knickbeanspruchung $\sigma_{k\,\mathrm{zul}}$ darstellt und aus der Tafel III in § 19, Ziffer 3, zu entnehmen ist.

Als Höhe der Stützen ist bei Hochbauten stets die volle Stockwerkhöhe in Rechnung zu stellen.

Ist bei rechteckigen Stützen das Ausknicken nach der Ebene des kleinsten Trägheitsmomentes durch Aussteifung

u. dgl. mit voller Sicherheit ausgeschlossen, so ist unter s die größere Querschnittseite zu verstehen.

Der Fall, daß eine Stütze auf Knickung zu rechnen ist, kommt bei den gewöhnlichen Hochbauten nicht oft vor.

Selbst bei den Stützen mit dem Minimalquerschnitt von 25 . 25 beginnt die Knickgefahr bei Stützen mit gewöhnlicher Bügelbewehrung erst mit einer Stockwerkshöhe von 3,75 m, bei umschnürten Säulen mit einer solchen von 3,25 m.

Tabelle XII. Knickzahlen ω

$\dfrac{h}{s}$	13	15	17	19	20	21	23	25
Quadrat- und Recht- eckstützen mit ein- facher Bügelbeweh- rung.............	—	1,00	1,10	1,20	1,25	1,35	1,55	1,75
Umschnürte Säulen ..	1,00	1,20	1,40	1,60	1,70	1,90	2,30	2,50

E. Zusammenstellung für mittigen Druck
Säulen mit gewöhnlicher Bügelbewehrung

Zulässige Belastung

$$N_\text{zul} = (F_b + 15 F_e)\, \sigma_{b,\text{zul}}.$$

Bemessung

Gleichung 19 der Önorm kann man auch schreiben

$$(93) \qquad N = w\, F_b\, \sigma_b$$

wobei der Faktor w vom Bewehrungsanteil $\dfrac{100\, F_e}{F_b}$ abhängt und aus der folgenden Tabelle XIII zu entnehmen ist.

Tabelle XIII. Bemessung der Stützen mit Bügelbewehrung

$\dfrac{100 F_e}{F_b}$	0,5	0,6	0,7	0,8	1,0	1,2	1,4	1,6	1,8	2,0	3,0
w	1,08	1,09	1,10	1,12	1,15	1,18	1,21	1,24	1,27	1,30	1,45
$\left(\dfrac{h}{d}\right)_\text{min}$	5,0	6,7	8,3	10,0	10,0	10,0	10,0	10,0	10,0	10,0	10,0

Umschnürte Säulen

Zulässige Belastung

Die Tragkraft der umschnürten Säulen ergibt sich aus der Gleichung:

$$N_{\text{zul}} = \left(F_k + 15\,F_e + 45\,\frac{\pi\,d\,F_1}{s}\right)\sigma_{b\,\text{zul}}$$

Bemessung

a) Geringster möglicher Betonquerschnitt $F_{b,\,\text{min}}$:

$$F_{b,\,\text{min}} = \frac{N}{2\,\sigma_{b,\,\text{zul}}}$$

b) Berechnung der Bewehrung bei gegebenem Betonquerschnitt F_b. Man ermittelt näherungsweise F_k und rechnet v aus der Gleichung:

$$v = \frac{N}{F_b\,\sigma_b} - \frac{F_k}{F_b}$$

In Tabelle XIV findet man die zugehörigen Prozente der Bewehrung.

F. Stützen unter ausmittigem Druck
Ermittlung der Kantenpressung

9. **Ausmittiger Druck.** Ist eine Stütze ausmittig belastet oder ist die Möglichkeit vorhanden, daß sie seitliche Kräfte erhält, so darf die aus der Gleichung

$$\sigma = \frac{N}{F_i} \pm \frac{M}{W_i} \qquad (23)$$

errechnete Kantenpressung den im § 19, Ziffer 4, angegebenen Wert nicht überschreiten. Die Gleichung (23) darf auch dann noch angewendet werden, wenn sich daraus auf der einen Seite eine Zugspannung ergibt, die nicht größer ist als $^1/_5$ der zulässigen Betondruckspannung (Abb. 64). Geht die Zugspannung über dieses Maß hinaus, so muß die Zugzone bei der Spannungsberechnung außer Betracht bleiben.

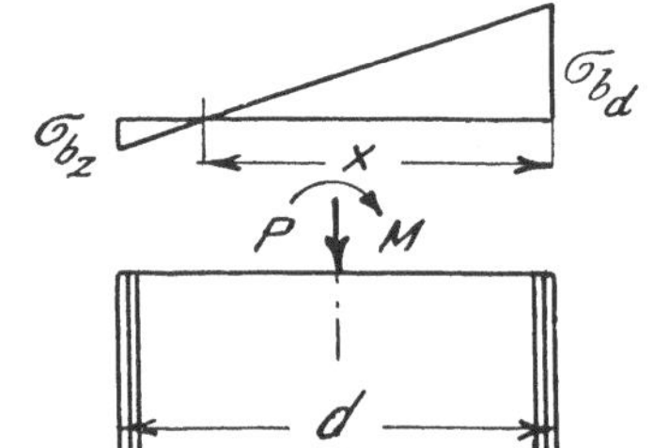

Abb. 64. (Önorm Abb. 11)

Tabelle XIII. Bemessung von umschnürten Säulen

$\dfrac{100\,F_e}{F_b}$	0,8											0,9				1,0			
v	0,30	0,39	0,48	0,57	1,66	0,75	0,84	0,93	1,02	1,11	1,20	1,21	1,25	1,30	1,35	1,36	1,40	1,45	1,50
$\left(\dfrac{F_k}{F_b}\right)_{\mathrm{max}}$	—	—	—	—	—	—	—	—	0,98	0,89	0,80	0,79	0,75	0,70	0,65	0,64	0,60	0,55	0,50
$\dfrac{100\,F_s}{F_b}$	0,4	0,6	0,8	1,0	1,2	1,4	1,6	1,8	2,0	2,2	2,4	2,4	2,5	2,6	2,7	2,7	2,8	2,9	3,0
$\dfrac{100\,(F_e+F_s)}{F_b}$	1,2	1,4	1.6	1,8	2,0	2,2	2,4	2,6	2,8	3,0	3,2	3,3	3,4	3,5	3,6	3,7	3,8	3,9	4,0

In die Gleichung (23) ist für F_i der jeweils zutreffende Klammerwert aus den Gleichungen (19) bzw. (20) einzusetzen und das Widerstandsmoment W_i aus dem Querschnitt $F_b + 15\,F_e$ entsprechend zu bilden.

Die Eiseneinlagen sind in jedem Falle so zu berechnen, daß sie ohne Mitwirkung des Betons alle Zugspannungen aufnehmen können.

Die Bestimmung des ersten Absatzes gestattet für $\sigma_{bz} \leq \dfrac{\sigma_{b\,\mathrm{zul}}}{5}$ nur eine Verminderung der Betonspannung, erfordert aber nach dem letzten Absatz eine eigene Berechnung für die Bewehrung. Für die umfangbewehrten Säulen soll die kleinere Druckspannung höchstens $\dfrac{1}{2}\,\sigma_{\max}$ betragen; Zugspannungen sind vollkommen ausgeschlossen.

Im Zustande I (Mitwirkung der Betonzugzone) gilt für symmetrische Querschnitte Gleichung (23) in der Form:

$$\sigma_{bd} = \frac{N}{F_i} + \frac{M_s}{J_s} \cdot s \tag{96}$$

$$\sigma_{bz} = \frac{N}{F_i} - \frac{M_s}{J_s} (d - s) \tag{97}$$

Die Stahlspannungen brauchen nicht nachgewiesen zu werden. s ist der Abstand der Schwerachse vom Druckrand, M_s das Biegungsmoment und J_s das Trägheitsmoment bezüglich der Schwerachse.

Im Zustande II (Ausschluß der Betonzugspannungen) werden zweckmäßig die Beziehungen

$$\sigma_b = \frac{N \cdot x}{S_x} \tag{98}$$

$$\sigma_e = \frac{15\,N\,(h - x)}{S_x} \tag{99}$$

verwendet. S_x ist die Summe der statischen Momente der wirksamen Betonfläche und der 15fachen Stahlfläche bezüglich der Nullinie.

Bei umschnürten Säulen ist, wenn ausmittige Belastung vorliegt, Vorsicht geboten, wie folgende Darlegungen beweisen.

Die auf den Betonkern wirkenden Lasten seien: 1. Mittiger Druck N, gleichmäßig verteilt über den Querschnitt, die bezogene Spannung daher $p = \dfrac{N}{F}$. 2. Biegungsmoment M, linear über den Kernquerschnitt verteilt. 3. Wirkung der Umschnürung F_u, vorläufig als gleichmäßiger Druck auf die Manteloberfläche angenommen und mit q bezeichnet.

Legt man in die Ebene eines beliebigen Querschnittes das Koordinaten kreuz y, z und wirkt das Moment in der yx-Ebene, so ist für einen Punkt des Querschnittes der Spannungszustand gegeben durch

$$\sigma_x = -p + \frac{M \cdot y}{J}, \quad \sigma_r = \sigma_t = -q.$$

Die zum Punkte P (y, z) zugehörigen Verschiebungen seien η, ζ; sie werden dargestellt durch:

$$\eta = -\frac{1}{E}\left(\frac{p}{m} - q\,\frac{m-1}{m}\right) - \frac{M\,(y^2 - z^2)}{2\,m\,E\,J}$$

$$\zeta = -\frac{1}{E}\left(\frac{p}{m} - q\,\frac{m-1}{m}\right) - \frac{M\,y\,z}{m\,E\,J}.$$

Diese Gleichungen erhält man entweder mittels Übereinanderlagerung der durch die genaue Biegungstheorie (Saint-Venant) und des durch die Gleichungen (5) festgelegten Spannungszustandes oder durch entsprechende Erweiterung der genauen Biegungstheorie für die gleichmäßige Mantellast q.

Zeichnet man sich die Verformung eines auf ausmittigen Druck beanspruchten Querschnittes (Abb. 65 b) und vergleicht sie mit der eines auf mittigen, gleichmäßigen Druck beanspruchten (Abb. 65 a),

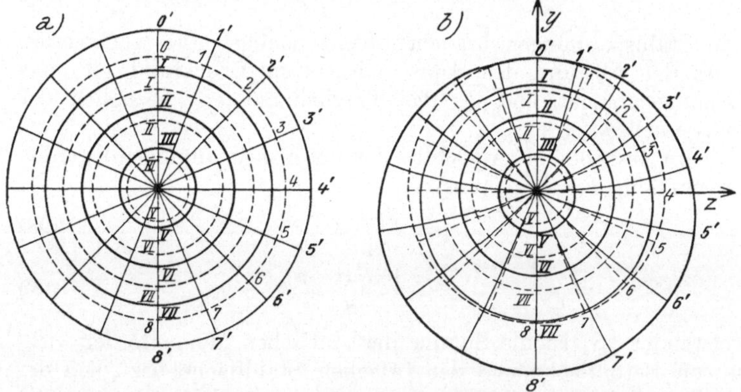

Abb. 65. Querschnittsverformung a) bei mittigem Druck; b) bei ausmittigem Druck

so sieht man sofort, daß die Dehnung ε_t am Säulenumfange, die für die Wirkung der Umschnürung maßgebend ist, einen grundverschiedenen Verlauf nimmt. Bei gleichmäßigem Druck ist die Dehnung ε_t in allen Punkten des Umfanges gleich groß, bei ausmittigem Druck ist sie im Punkt 8 am größten, im Punkt 0 am kleinsten und kann bei entsprechend großer Ausmitte daselbst auch negativ, also zu einer Zusammendrückung werden. In Abb. 65 b ist ε_t im Punkte 0 gerade gleich Null.

Bei Ausschaltung der Möglichkeit von Gleitungen der Umwehrung am Säulenmantel muß diese die Dehnung des Säulenmantels mitmachen. Sie wird daher im Punkt 8 am meisten auf Zug beansprucht, im Punkt 0 weniger, eventuell bei großer Ausmitte sogar auf Druck.

Diese unregelmäßige Dehnung der Umwehrung macht auch die Annahme eines gleichmäßig verteilten Manteldruckes q hinfällig. Dieser nimmt von seinem Größtwert im Punkte 8 bis zu seinem Kleinstwert im Punkte 0 ab. Ferner überträgt die Umschnürung auf die Mantelfläche entsprechend der ungleichmäßigen Dehnung Schubspannungen. Man sieht nun, daß der zu Beginn dieses Abschnittes der Berechnung provisorisch zugrunde gelegte Spannungszustand den tatsächlichen Verhältnissen nicht auch nur näherungsweise entspricht und der wirklich vorhandene viel zu kompliziert ist, um seine Durchrechnung im Rahmen dieses Aufsatzes vorzunehmen. Ferner geht die Umrißlinie des Querschnittes nach der Verformung nicht wieder in einen Kreis, sondern in eine Eiform über, wodurch die Umwehrung zusätzliche Biegungsspannungen erleidet.

Dazu gesellt sich noch eine weitere Schwierigkeit. Es kann vorkommen, daß bei höherer Belastung die Haftung zwischen Umschnürung und Betonoberfläche durch Überschreiten der Grenzspannung ganz oder teilweise unwirksam wird und sich bloße Reibung einstellt. In diesem Falle treten endliche Gleitungen auf, wodurch sich von der Umwehrung ausgeübte Druck gleichmäßiger verteilt. Diese Gleitungen müssen durchaus keine Bruchursache sein, sondern können nach Aufhören der Belastung wieder rückgängig werden, ohne die Tragfähigkeit der Säule wesentlich zu beeinflussen.

Aus diesen Darlegungen folgt ohne weitere lange Rechnung, daß bei ausmittigem Druck auf umschnürte Säulen die Ausmitte unbedingt zu beschränken ist. Am einfachsten ist es, die Schwankung von σ_x zu beschränken, und zwar sollte die Differenz zwischen der Mittelpunktspannung $\sigma_{x,m}$ und der Randspannung $\sigma_{x,a}$ nicht

mehr als $\dfrac{\sigma_{x,m}}{10}$ betragen, um näherungsweise den Spannungszustand

zu erhalten, der für mittigen Druck der Berechnung zugrunde gelegt wird. Bei Einhaltung dieses Maßes ist auch nichts dagege einzuwenden, daß das Widerstandsmoment entsprechend dem Querschnitt $F_b + 15\,F_e$ anstatt $F_k + 15\,F_e$ gebildet wird, da der Unterschied in der errechneten Biegungsspannung nicht sehr ins Gewicht fällt.

Knickberechnung

10. **Knickberechnung ausmittig belasteter Stützen.** Geht das Verhältnis der Stützenhöhe zur kleinsten Stützendicke über die im Abs. 1 der Ziffer 8 angegebenen Grenzen hinaus, so ist in der Gleichung (23) N durch $\omega \cdot N$

zu ersetzen. Die Knickzahl ω ist der im § 19, Ziffer 3, enthaltenen Tafel III zu entnehmen.

Die beiden letzten Absätze der Ziffer 8 gelten auch hier.

Die Randspannung im Beton ist nach Gleichung (23):

$$(100) \quad \left\{ \begin{array}{l} \sigma = \dfrac{\omega \cdot N}{F_i} + \dfrac{M}{W_i} \\[2mm] \text{wobei die Knickzahl} \\[2mm] \omega = \dfrac{\sigma_{b,\,zul}}{\sigma_{k,\,zul}} \end{array} \right.$$

Die Gleichung (100) kann man schreiben:

$$\sigma - \frac{(\omega - 1)\,N}{F_i} = \frac{N}{F_i} + \frac{M}{W}$$

und nach Schätzung des Wertes von F_i eine reduzierte zulässige Betonspannung

$$(101) \qquad \sigma_{red,\,zul} = \sigma_{zul} - (\omega - 1)\,\frac{N}{F_i}$$

der Bemessung zugrunde legen. Bei rechteckigem Querschnitt kann man auch eine direkte Bemessung nach den Tabellen XVI bis XXI vornehmen, wenn über den Wert $\dfrac{100\,F_e}{b\,d}$ und die Dicke d verfügt wird. Die Bauart dieser Bemessungsformeln ist

$$(102) \qquad b = \frac{k\,N}{\sigma_b\,d}$$

wobei k je nach den vorliegenden Verhältnissen einen der Werte k_1, k_2 usw. bedeutet. Bei Stützen mit Knickgefahr lautet die entsprechende Gleichung

$$(103) \qquad b = \frac{k_n\,N}{\sigma_b\,d}$$

wobei für k_n mit Hilfe der Tabellen XVI bis XXI zu setzen ist

$$(104) \qquad k_n = k + \frac{w - 1}{\left(\dfrac{x}{d}\right) + \left(\dfrac{15\,F_e}{b\,d}\right)}$$

G. Zusammenstellung für ausmittigen Druck

Zustand I, Betonzugzone mitwirkend

Spannungsberechnung nach Gl. 23 der Önorm

Rechteckquerschnitt mit beiderseitig gleicher Bewehrung: $F_e = F_e'$, wenn $h - h'$ der Abstand der Schwerpunkte der Bewehrungen ist:

$$W_i = \frac{b\,d^2}{6} + \frac{15\,F_e\,(h - h')^2}{d} \tag{105}$$

bei Säulen mit gewöhnlicher Bügelbewehrung ist
$$F_i = F_b + 15\,F_e$$

bei umschnürten Säulen dagegen
$$F_i = F_k + 15\,F_e + 45\,F_s.$$

Regelmäßiger Vielecksquerschnitt, ohne Um-wehrung, mit gerader Seitenzahl, wenn die Mittelpunkte der Bewehrungsstäbe in gleichen Abständen auf einem Kreise mit dem Durchmesser d_e liegen und gleiche Querschnittsflächen besitzen:
$$F_i = \alpha\,d^2 + 15\,F_e \tag{106}$$

das Widerstandsmoment W_d, bezogen auf die geringste Querschnittsdicke d, ist
$$W_i = W_d = 2\,d\,(\beta\,d^2 + 1{,}875\,F_e \cdot d_e^2) \tag{107}$$

Bezeichnet D die größte Querschnittsdicke und W_D das zugehörige Widerstandsmoment, so ist
$$W_i = W_D = \frac{d}{D}\,W_d.$$

In nachstehender Tabelle XIV sind für die gebräuchlichsten Querschnittsformen die Werte α, β und $\underline{d}$ zusammengestellt.

Ist eine Umschnürung vorhanden, so ist d und D durch d_k zu ersetzen und zu F_i noch $45\,F_b$ zu addieren.

Tabelle XV. Querschnittsflächen und Widerstandsmomente von regelmäßigen Vielecken

Querschnittsform	α	β	$\dfrac{d}{D}$
Quadrat	1,000	0,0833	0,707
Sechseck	0,866	0,0601	0,866
Achteck	0,828	0,0547	0,924
Kreis	0,785	0,0491	1,000

Bemessung des einseitig zugbewehrten, ausmittig gedrückten Rechteckquerschnittes für gegebenes σ_{bd} und σ_{bz} bei mitwirkender Zugzone

Man wähle $\dfrac{100\,F_e}{b\,d}$ zwischen 0,8 und 3,0, schätze d, wenn es nicht durch die Dicke der Umfassungswände vorgegeben ist und bestimme den Wert $\dfrac{M}{N\,d}$. Mit den zu $\dfrac{M}{N\,d}$ und $\dfrac{100\,F_e}{b\,d}$ zugehörigen

Werten von r_1 und t_1 aus Tabelle XVI findet man b aus der Gleichung:

$$(108) \qquad b = \frac{r_1 N}{\sigma_{bd}\, d}$$

Die Betonzugzone darf nur dann als mitwirkend an der Kraftübertragung angesehen werden, wenn die eventuell auftretende Zugspannung im Beton σ_{bz} den in Ziffer 9 angegebenen Wert von

$$\sigma_{bz,\,zul} = -\frac{\sigma_{bd,\,zul}}{5}$$

nicht überschreitet. Zur Berechnung von σ_{bz} dienen die Werte t_1 in Tabelle XVI, mit Hilfe deren

$$(109) \qquad \sigma_{b,\,z} = \frac{t_1 N}{b\, d}$$

Überschreitet σ_{bz} den Wert $\dfrac{\sigma_{bd,\,zul}}{5}$, so ist entweder F_e oder besser d zu vergrößern. Es kann auch eine größere Breite aus

$$(110) \qquad b = \frac{5\, t_1 N}{\sigma_{bd}\, d}$$

berechnet werden, jedoch ist zu beachten, daß sich gleichzeitig der Eisenquerschnitt vergrößern muß, wenn man den gleichen Wert von $\dfrac{100\, F_e}{b\, d}$ benützen will.

Tabelle XVI. Bemessung des zugbewehrten Rechteckquerschnittes, Zustand I. Werte r_1 und t_1

$\dfrac{M}{Nd}$	$100\, F_e : (b\, d)$											
	0,5		1,0		1,5		2,0		2,5		3,0	
	r_1	t_1	r_1	t_1	r_1	t_1	r_1	t_1	r_1	t_1	r_1	t_1
0,0	1,1		1,2		1,2		1,2		1,3		1,3	
0,1	1,6	+0,3	1,6	+0,3	1,7	+0,2	1,7	+0,1	1,7	+0,1	1,7	+0,1
0,2	2,2	—0,2	2,2	—0,2	2,2	—0,2	2,2	—0,2	2,2	—0,2	2,2	—0,2
0,3	2,8	—0,7	2,7	—0,6	2,7	—0,6	2,7	—0,5	2,7	—0,5	2,7	—0,5
0,4	3,3	—1,2	3,2	—1,0	3,2	—0,9	3,2	—0,8	3,2	—0,8	3,2	—0,7
0,5	3,8	—1,7	3,7	—1,4	3,7	—1,3	3,7	—1,2	3,6	—1,1	3,5	—1,0

Beispiel zum einseitig zugbewehrten, ausmittig gedrückten Rechteckquerschnitt (Zustand I)

$$N = 8{,}0\ \text{t}; \quad M = 1{,}28\ \text{tm}; \quad d = 0{,}40\ \text{m}; \quad \sigma_{bd,\,zul} = 35\ \text{kg/cm}^2;$$
$$\sigma_{bz,\,zul} = -\,7\ \text{kg/cm}^2.$$

Die Leitwerte für Tabelle XVI sind:

$$\frac{M}{Nd} = \frac{1,28}{8 \cdot 0,4} =$$
$$= 0,4; \quad \frac{100\,F_e}{bd} = 0,8,$$

woraus folgt:

$$r_1 = 3,3; \quad t_1 = -1,1.$$

Berechnung der Breite b:

1. mit $\sigma_{bd,\,zul}$:

$$b = \frac{3,3 \cdot 8000}{35 \cdot 40} = 19\,\text{cm}.$$

Zugehöriges

$$\sigma_{bz} = -1,1\,\frac{8000}{19 \cdot 40} =$$
$$= -11,6\,\text{kg/cm}^2 > \sigma_{bz,\,zul}.$$

Daher ist b zu berechnen:

2. mit $\sigma_{bz,\,zul}$:

$$b = \frac{5 \cdot 1,1 \cdot 8000}{35 \cdot 40} = 31\,\text{cm}.$$

Zugehöriges

$$F_e = \frac{0,8 \cdot 31 \cdot 40}{100} = 9,9\,\text{cm}^2.$$

Bemessung des beiderseitig gleichbewehrten, ausmittig gedrückten Rechteckquerschnittes für gegebene σ_{bd} und σ_{bz} bei mitwirkender Zugzone

Man wähle $\dfrac{100\,F_e}{bd} = 0,8$ und schätze d. Mit den Werten $\dfrac{M}{Nd}$ und $\dfrac{100\,F_e}{bd}$ suche man r_2 und t_2 aus der folgenden Tabelle XVII und rechne b aus der Gleichung:

$$b = \frac{r_2\,N}{\sigma_{bd}\,d} \qquad (111)$$

Hierauf kontrolliere man die Betonzugspannung σ_{bz}, welche den Wert

Tabelle XVII. Bemessung des doppelseitigbewehrten Rechteckquerschnittes, Zustand I.

$100\,F_e : (bd)$; $F_e = $ Gesamtquerschnitt. Werte r_2 und t_2

$\dfrac{M}{Nd}$	0,5		0,8		1,0		1,5		2,0		2,5		3,0	
	r_2	t_2	r_2	t_2	r_2	t_2	r_2	t_2	r_2	t_2	r_2	t_2	r_2	t_2
0,0	0,9		0,9		0,9		0,8		0,8		0,7		0,7	
0,1	1,4		1,4		1,3		1,2		1,2		1,1		1,0	
0,2	1,9	0,0	1,8	0,0	1,8	0,0	1,6	0,0	1,5	0,0	1,4	0,0	1,3	+0,1
0,3	2,5	—0,6	2,3	—0,5	2,2	—0,5	2,0	—0,4	1,9	—0,3	1,7	—0,3	1,6	—0,2
0,4	3,0	—1,1	2,8	—1,0	2,7	—1,0	2,4	—0,9	2,2	—0,7	2,1	—0,7	1,9	—0,6
0,5	3,5	—1,6	3,3	—1,5	3,1	—1,4	2,8	—1,2	2,6	—1,1	2,4	—1,0	2,2	—0,9

$$\sigma_{bz,\,zul} = -\frac{\sigma_{bd,\,zul}}{5}$$

nicht überschreiten darf, nach der Gleichung

$$\sigma_{bz} = \frac{t_2\,N}{b\,d} \tag{112}$$

Tritt eine Überschreitung ein, so ist entweder F_e oder besser d zu vergrößern. Es kann auch eine größere Breite aus

$$b = \frac{5\,t_2\,N}{\sigma_{b\,d}\,d} \tag{113}$$

berechnet werden, jedoch ist zu beachten, daß sich gleichzeitig der Eisenquerschnitt vergrößern muß, wenn man den gleichen Wert von $\dfrac{100\,F_e}{b\,d}$ benützen will.

Beispiel zum beiderseitig gleich bewehrten, ausmittig gedrückten Rechteckquerschnitt (Zustand I)

$N = 8{,}0$ t; $M = 1.28$ tm; $d = 0{,}40$ m; $\sigma_{bd,\,zul} = 35$ kg/cm²;
$\sigma_{bz,\,zul} = -7$ kg/cm².

Die Leitwerte für Tabelle XVII sind:

$$\frac{M}{Nd} = \frac{1{,}28}{8\,.\,0{,}4} =: 0{,}4;\quad \frac{100\,F_e}{bd} = 0{,}8,$$

woraus folgt: $r_2 = 2{,}8;\ t_2 = -1{,}0.$

Berechnung der Breite b:

1. mit $\sigma_{bd,\,zul}: b = \dfrac{2{,}8\,.\,8000}{35\,.\,40} = 16$ cm.

Zugehöriges $\sigma_{bz} = -1{,}0\,\dfrac{8000}{40\,.\,16} = -12{,}5$ kg/cm² $> \sigma_{bz,\,zul}.$

Daher ist b zu berechnen:

2. mit $\sigma_{bz,\,zul}: b = \dfrac{5\,.\,1{,}0\,.\,8000}{35\,.\,40} = 29$ cm.

Zugehöriges $F_e = \dfrac{0{,}8\,.\,29\,.\,40}{100} = 9{,}3$ cm².

Zustand II, Ausschluß der Betonzugzone
Spannungsberechnung

Beliebiger symmetrischer und symmetrisch belasteter Querschnitt: x wird aus der Beziehung gefunden:

$$e_x = \frac{J_x}{S_x} \tag{114}$$

J_x bedeutet das Trägheitsmoment bezüglich der Nullinie und ermittelt sich ebenso wie das statische Moment S_x am einfachsten durch graphische Methoden; e_x ist die Ausmitte bezüglich der Nullinie.

Rechteckquerschnitt (Abb. 66)

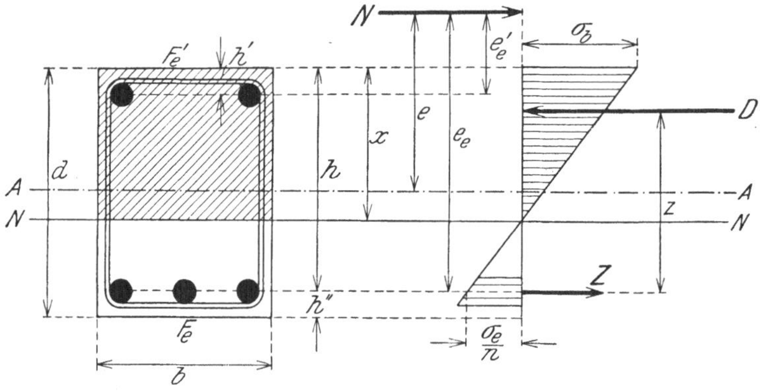

Abb. 66. Rechteckquerschnitt bei ausmittigem Druck

Hilfsgrößen:

$$a = e_e - h, \quad \bar{b} = \frac{15}{b}(F_e e_c + F_e' e_e'):$$

$$c = \frac{15}{b}(F_e e_e h + F_e' e' h'),$$

$$p = -a^2 + 2b, \quad q = a^3 - 3ab - 3c,$$

$$r = \sqrt{p^3 + q^2}.$$

Nullinienabstand:

$$x = \sqrt[3]{r - q} - \sqrt[3]{r + q} - a.$$

$$\sigma_b = \frac{2Nx}{bx^2 - 30[F_e(h-x) - F_e'(x-h')]}$$

$$\sigma_e = n\sigma_b \frac{h-x}{x} \tag{115}$$

Einseitige Zugbewehrung: $F_e' = 0$.

x ist von $\dfrac{e}{d}$ und $\dfrac{100 F_e}{b\,d}$ abhängig und kann aus der folgenden Tabelle XVIII entnommen werden.

$$\sigma_b = \frac{2Nx}{bx^2 - 30F_e(h-x)}$$

$$\sigma_e = n\sigma_b \frac{h-x}{x} \tag{116}$$

Tabelle XVIII. Nullinienabstand im zugbewehrten Rechteckquerschnitt, Zustand II. Werte von $\dfrac{x}{d}$

$\dfrac{M}{Nd}$	$100\,F_e : (b\,d)$						
	0,5	0,8	1,0	1,5	2,0	2,5	3,0
0,16	1,01	1,00	1,00	0,99	0,98	0,97	0,97
0,20	0,91	0,91	0,91	0,91	0,91	0,91	0,91
0,25	0,80	0,82	0,83	0,84	0,86	0,86	0,86
0,30	0,72	0,75	0,77	0,80	0,81	0,83	0,84
0,40	0,61	0,66	0,68	0,72	0,75	0,77	0,79
0,50	0,54	0,60	0,63	0,67	0,71	0,73	0,76
0,60	0,50	0,56	0,59	0,64	0,68	0,70	0,73
0,70	0,47	0,53	0,56	0,61	0,66	0,68	0,71
0,80	0,44	0,51	0,54	0,60	0,64	0,67	0,69
0,90	0,42	0,49	0,53	0,58	0,63	0,65	0,68
1,00	0,41	0,48	0,51	0,57	0,61	0,64	0,67
1,50	0,37	0,44	0,47	0,53	0,58	0,61	0,64
2,00	0,36	0,42	0,45	0,51	0,56	0,59	0,62
3,00	0,34	0,40	0,43	0,50	0,54	0,58	0,60
4,00	0,33	0,39	0,43	0,49	0,53	0,57	0,59
5,00	0,32	0,39	0,42	0,48	0,52	0,56	0,59
∞	0,30	0,37	0,40	0,46	0,50	0,54	0,57

Beiderseitig gleiche Bewehrung: $F_e =$ Gesamtstahlquerschnitt, x ist von $\dfrac{e}{d}$ und $\dfrac{100\,F_e}{b.d}$ abhängig und kann aus der folgenden Tabelle XIX entnommen werden.

$$(117) \qquad \begin{cases} \sigma_b = \dfrac{2\,N\,x}{b\,x^2 - 15\,F_e\,(d - 2\,x)} \\[2mm] \sigma_e = n\,\sigma_b\,\dfrac{h - x}{x} \end{cases}$$

Bemessung des einseitig zugbewehrten, ausmittig gedrückten Rechteckquerschnittes für gegebene σ_b

Man wähle $\dfrac{100\,F_e}{b\,d}$ zwischen 0,8 und 3,0, schätze d, wenn es nicht durch die Dicke der Umfassungswände gegeben ist und bestimme den Wert $\dfrac{M}{N\,d}$. Mit dem zu $\dfrac{M}{N\,d}$ und $\dfrac{100\,F_e}{b\,d}$ zugehörigen Wert von k_1 aus Tabelle XX findet man b aus der Gleichung:

$$(118) \qquad b = \dfrac{k_1\,N}{\sigma_b\,d}$$

Bei ungünstigem Querschnitt ist die Berechnung mit anderen Annahmen zu wiederholen. Günstig ist ein möglichst geringer Eisenquerschnitt (zulässiges Minimum 0,8%).

Tabelle XIX. Nullinienabstand im doppelseitigbewehrten Rechteckquerschnitt, Zustand II. Werte von $\dfrac{x}{d}$

$\dfrac{M}{N\,d}$	$100\,F_e : (b\,d)$; $F_e =$ Gesamtquerschnitt						
	0,5	0,8	1,0	1,5	2,0	2,5	3,0
0,2	0,94	0,97	0,98	1,00	1,02	1,04	1,06
0,3	0,70	0,74	0,76	0,80	0,82	0,84	0,86
0,4	0,54	0,59	0,61	0,65	0,69	0,71	0,73
0,5	0,45	0,50	0,53	0,57	0,61	0,63	0,65
0,6	0,39	0,45	0,47	0,52	0,55	0,57	0,60
0,7	0,36	0,41	0,44	0,48	0,52	0,54	0,56
0,8	0,33	0,39	0,41	0,46	0,49	0,51	0,53
0,9	0,32	0,37	0,39	0,44	0,47	0,49	0,51
1,0	0,30	0,36	0,38	0,42	0,45	0,47	0,50
1,5	0,26	0,31	0,34	0,38	0,41	0,43	0,45
2,0	0,25	0,30	0,32	0,36	0,39	0,41	0,42
3,0	0,23	0,28	0,30	0,34	0,37	0,39	0,40
4,0	0,23	0,27	0,29	0,33	0,35	0,37	0,39
5,0	0,22	0,27	0,29	0,32	0,35	0,37	0,38
∞	0,21	0,25	0,27	0,30	0,33	0,34	0,36

Tabelle XX. Bemessung des zugbewehrten Rechteckquerschnittes, Zustand II. Werte k_1

$\dfrac{M}{N\,d}$	$100\,F_e : (b\,d)$					
	0,5	1,0	1,5	2,0	2,5	3,0
0,0	1,1	1,2	1,2	1,2	1,3	1,3
0,1	1,6	1,7	1,7	1,7	1,7	1,7
0,2	2,2	2,2	2,2	2,2	2,2	2,2
0,3	2,9	2,8	2,8	2,7	2,7	2,7
0,4	3,7	3,5	3,3	3,3	3,2	3,2
0,5	4,6	4,1	3,9	3,8	3,7	3,7
0,6	5,4	4,8	4,5	4,3	4,2	4,1
0,7	6,3	5,4	5,1	4,9	4,7	4,6
0,8	7,2	6,1	5,6	5,4	5,2	5,1
0,9	8,0	6,7	6,2	5,9	5,7	5,6
1,0	8,8	7,4	6,8	6,5	6,2	6,1
1,5	13,1	10,5	9,7	9,1	8,8	8,5

Beispiel zur Bemessung des einseitig zugbewehrten, ausmittig gedrückten Rechteckquerschnittes im Zustand II

$N = 8,0$ t; $M = 1,28$ tm; $d = 0,40$ m; $\sigma_{b,\,zul} = 35$ kg/cm².

Die Leitwerte für Tabelle XX sind:

$$\frac{M}{Nd} = \frac{1,28}{8 \cdot 0,4} = 0,4: \quad \frac{100\,F_e}{b\,d} = 0,8,$$

woraus folgt: $\qquad\qquad k_1 = 3,6.$

Berechnung der Breite b:

$$b = \frac{3,6 \cdot 8000}{35 \cdot 40} = 21\,\text{cm}.$$

Bewehrungsquerschnitt:

$$F_e = \frac{0,8 \cdot 21 \cdot 40}{100} = 6,7\,\text{cm}^2.$$

Bemessung des beiderseitig gleich bewehrten, ausmittig gedrückten Rechteckquerschnittes für gegebenes σ_b

Man wähle $\dfrac{100\,F_e}{b\,d} = 0,8$ und schätze d; $F_e =$ Gesamtstahlquerschnitt.

Mit den Werten $\dfrac{M}{Nd}$ und $\dfrac{100\,F_e}{b\,d}$ sucht man k_2 aus der folgenden Tabelle XXI und rechnet b aus der Gleichung:

$$(119) \qquad\qquad b = \frac{k_2\,N}{\sigma_b\,\dot{u}}$$

Bei ungünstigem Querschnitt ist die Berechnung zu wiederholen.

Günstig ist ein möglichst geringer Eisenquerschnitt (zulässiges Minimum 0,8%).

Beispiel zur Bemessung des beiderseitig gleich bewehrten, ausmittig gedrückten Rechteckquerschnittes im Zustand II

$N = 8,0$ t; $M = 1,28$ tm; $d = 0,40$ m; $\sigma_{b,\,zul} = 35$ kg/cm²

Die Leitwerte für Tabelle XX sind:

$$\frac{M}{Nd} = \frac{1,28}{8 \cdot 0,4} = 0,4; \quad \frac{100\,F_e}{b\,d} = 0,8,$$

woraus folgt:

$$k_2 = 3,2.$$

Berechnung der Breite b:

$$b = \frac{3,2 \cdot 8000}{35 \cdot 40} = 18\,\text{cm}$$

Bewehrungsquerschnitt:

$$F_e = \frac{0,80 . 18 . 40}{100} = 5,8 \text{ cm}^2.$$

Tabelle XXI. Bemessung des doppelseitigbewehrten Rechteckquerschnittes, Zustand II. Werte k_2

$\dfrac{M}{N\,d}$	$100\,F_e : (b\,d)$; F_e = Gesamtstahlquerschnitt						
	0,5	0,8	1,0	1,5	2,0	2,5	3,0
0,0	0,9	0,9	0,9	0,8	0,8	0,7	0,7
0,1	1,5	1,4	1,3	1,2	1,1	1,1	1,0
0,2	2,0	1,9	1,8	1,6	1,5	1,4	1,3
0,3	2,7	2,5	2,3	2,1	1,9	1,8	1,6
0,4	3,6	3,2	3,0	2,6	2,4	2,2	2,0
0,5	4,7	4,0	3,7	3,1	2,8	2,6	2,4
0,6	5,7	4,8	4,4	3,7	3,3	3,0	2,7
0,7	6,7	5,5	5,1	4,3	3,7	3,4	3,1
0,8	7,7	6,3	5,8	4,8	4,2	3,8	3,4
0,9	8,7	7,0	6,4	5,4	4,7	4,2	3,8
1,0	9,7	7,8	7,1	5,9	5,1	4,6	4,1

Siebenter Abschnitt

Zulässige Beanspruchungen

Die rechnerische Ermittlung der inneren Kräfte oder Spannungen wird mit Hilfe einer ganzen Reihe von vereinfachenden Annahmen durchgeführt, um die Rechnung nach Möglichkeit abzukürzen. Die zulässigen Spannungswerte werden aus Bruchversuchen an den Tragwerken abgeleitet, indem für die Bruchlasten nach der gleichen Berechnungsmethode die rechnerischen Bruchspannungen ermittelt werden und hievon ein gewisser Teil als zulässig angesehen wird. Aus diesem Grunde verhalten sich

$$\frac{\text{Bruchlast}}{\text{Zulässige Last}} = \frac{\sigma_{\text{Bruch}}}{\sigma_{\text{zul}}} = s \qquad (120)$$

wobei s die Tragsicherheit bedeutet. Maßgebend für die Beurteilung der Tragfähigkeit ist demnach das Verhalten des Tragwerkes im Bruchzustande. Um dieses Verhalten im voraus abzuschätzen, muß man die Bruchfestigkeit des zur Verwendung gelangenden Baustoffes aus Bruchversuchen ableiten. Diese macht man an Probekörpern, die aus dem gleichen Stoff und unter den gleichen Arbeitsbedingungen wie im Bauwerk hergestellt werden müssen. Man benutzt als Probekörper normgemäß den Probewürfel und den Probebalken (Önorm B 2303). Die Ergebnisse der Bruchversuche an den Probekörpern sind maßgebend für die Ausnutzung des Betons, mithin für die Größen der zulässigen Beanspruchungen.

Würfelfestigkeiten

§ 19. Zulässige Beanspruchungen

1. Die zulässigen Beanspruchungen des Betons sind sowohl von der Würfelfestigkeit $W_{e\,28}$ als auch von $W_{b\,28}$ abhängig (§ 6, Ziffer 3).

Dabei bedeuten:

$W_{e\,28}$ = die Würfelfestigkeit erdfeuchten gestampften Betons nach 28 Tagen,

$W_{b\,28}$ = die Würfelfestigkeit von Beton in der gleichen flüssigen Beschaffenheit, wie er im Bauwerk verarbeitet wird, nach 28 Tagen.

Die Würfelfestigkeiten müssen betragen:

1. bei Verwendung von Portlandzement $W_{e\,28} \geqq 200 \ \mathrm{kg/cm^2}$ und außerdem .... $W_{b\,28} \geqq 100$ „

2. bei Verwendung von frühhochfestem Portlandzement .... $W_{e\,28} \geqq 275$ „ und außerdem .... $W_{b\,28} \geqq 130$ „

3. in besonderen Fällen, in denen die zulässige Beanspruchung des Betons auf Grund des Festigkeitsnachweises abgestuft wird, für weich oder flüssig angemachten und entsprechend der Verarbeitung im Bauwerk behandelten Beton: $W_{b\,28} \geqq v \cdot \sigma_{zul}$ wobei der Beiwert v den Tafeln II und IV zu entnehmen ist, und außerdem $W_{e\,28} \geqq 250 \ \mathrm{kg/cm^2}$.

Statt der Würfelfestigkeit $W_{e\,28}$ bzw. $W_{b\,28}$ kann auch die Biegedruckfestigkeit $B_{e\,28}$ bzw. $B_{b\,28}$ an Probebalken nachgewiesen werden (§ 6, Ziffer 3).

Es ist klar, daß die Würfelfestigkeit $W_{b,\,28}$ mit der Festigkeit eines aus dem Bauwerk herausgeschnittenen Würfels nach 28 Tagen, die kurz Bauwerksfestigkeit B_{28} heißen soll, nicht übereinstimmt. Der Unterschied rührt von dem verschiedenen Wassergehalt her. Durch die Holzschalung und durch die Verdunstung geht im Bauwerk das überschüssige Wasser des Mischgutes ab, während in der eisernen Form der größte Teil des beigemischten Wassers festgehalten wird. Die Würfelfestigkeit ist daher immer kleiner als die des Bauwerkes. Je nasser die Mischung ist, um so größer ist der Unterschied zwischen Würfelfestigkeit und Bauwerksfestigkeit. Bei nur erdfeuchter Mischung ist der Einfluß des Wasserzusatzes so gut wie ausgeschaltet, beide Festigkeiten sind gleich groß. Hat man nun ein Betonmischgut mit beliebigem Wasserzusatz, so kann man sich ein direktes Urteil über die Bauwerksfestigkeit durch die Würfelproben nicht verschaffen. Prüft man aber dieses Mischgut mit dem gleichen Wasserzusatz in der eisernen Würfelform, so ist man sicher, daß die Bauwerksfestigkeit höher ist, da die Verringerung des Wasserzusatzes bei nassen Mischungen eine Erhöhung der Festigkeit bewirkt. Damit hat man eine untere Grenze für die Bauwerksfestigkeit angegeben. Prüft man aber das gleiche Mischgut mit geringem Wasserzusatz, also erdfeucht, so ist damit eine obere Grenze der Bauwerksfestigkeit festgelegt, die der Beton bestenfalls im Bauwerk erreichen kann, wenn nur erdfeucht gemischt und gut gestampft wurde. Nun besagt § 7, Ziffer 4 diese Bestimmungen: Der Beton muß so weich verarbeitet werden, daß der Mörtel die Stahleinlagen vollständig umschließt. Dadurch ist eine erdfeuchte Verarbeitung des Betons so gut wie ausgeschlossen. Die tatsächliche Bauwerksfestigkeit liegt daher zwischen W_b und W_e, bei Erprobung nach 28 Tagen zwischen $W_{b,\,28}$ und $W_{e,\,28}$.

Kann man auch aus den Würfelproben die Bauwerksfestigkeit B_{28} nicht ermitteln, so geben doch die Differenz ($W_{b,\,28} - W_{e,\,28}$) wertvolle Aufschlüsse über die Güte der verwendeten Baustoffe und über den Einfluß des Wasserzusatzes. Die Festigkeit des Betons hängt unter normalen Umständen und bei gleicher Zementmarke wesentlich von folgenden Größen ab: 1. Festigkeit und Körnung der Zuschlagsstoffe, 2. Größe des Zementzusatzes und 3. Größe des Wasserzusatzes. Diese drei Einflüsse sind nicht unabhängig voneinander, sondern mehrfach verknüpft. Will man die Eignung der Zuschlagstoffe erproben, so muß man den Einfluß des Wasserzusatzes ausschalten. Das geschieht durch die Anwendung der erdfeuchten Mischung. Durch diese wird bei gerade genügendem Wasserzusatz so ziemlich die höchstmögliche Festigkeit erreicht: $W_{e,\,28}$. Setzt man nun bei gleichem Zementzusatz dem Beton ein größeres Wasserquantum zu, so erhält man eine geringere Festigkeit. Der Festigkeitsabfall zeigt die Wirkung des Wasserzusatzes. Ein Zuviel an Mischwasser kann die Festigkeit eines Betons aus gutem Zuschlagstoffe und gutem Zement bis zur Unbrauchbarkeit herunterdrücken, während ein Beton mit zu geringem Zementzusatz auch bei erfeuchter Bearbeitung keine genügende Festigkeit erreicht. Man sieht also aus dem Vergleich von $W_{b,28}$ und $W_{e,28}$ sofort, wo das Übel sitzt, oder wo eine Baustoffverschwendung eintritt.

Mittiger Druck

2. **Mittiger Druck.** Teilbelastung: Wenn bei Auflagerquadern, Gelenksteinen u. dgl. die eine Fläche F nur in einem mittig gelegenen Teile F_1 auf Druck beansprucht wird und dabei $h \geq d$ ist Abb. 67 (Önorm Abb. 12), so gilt für die zulässige Beanspruchung in der Teilfläche F_1 die Formel

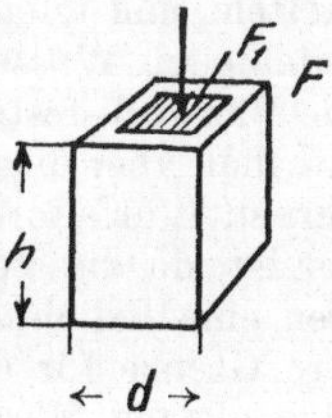

$$(24) \qquad \sigma_1 = \sigma \sqrt[3]{\frac{F}{F_1}}$$

Abb. 67.
(Önorm Abb. 12)

wobei σ die in Tafel II angegebene zulässige Beanspruchung ist.

Tafel II der Önorm

	Zulässige Beanspruchungen in kg/cm² bei Stützen ohne Knickgefahr	
	im allgemeinen	in Brücken
1. Portlandzement: $W_{e\,28} \geq 200\ \text{kg/cm}^2$ und außerdem $W_{b\,28} \geq 100\ \text{kg/cm}^2$	35	30
2. Früh hochfester Portlandzement: $W_{e\,28} \geq 275\ \text{kg/cm}^2$ und außerdem $W_{b\,28} \geq 130\ \text{kg/cm}^2$	45	40
3. In besonderen Fällen bei Nachweis der Würfelfestigkeit: $W_{b\,28} \geq v \cdot \sigma_{zul}$ und außerdem $W_{e\,28} \geq 250\ \text{kg/cm}^2$	$\sigma_{zul} = \dfrac{W_{b\,28}}{3}$ jedoch nicht mehr als 60	$\sigma_{zul} = \dfrac{W_{b\,28}}{4}$ 50

Laut Bemerkung zu § 18, Ziffer 6, wird die Stahltragkraft nicht ausgenützt. Der Vorteil der bewehrten Stütze vor der unbewehrten liegt in dem Verhalten beim Bruch. Die reine Betonstütze zerbricht fast augenblicklich in Trümmer, die Stahlbetonsäule dagegen büßt ihre Tragfähigkeit langsam und nach vorheriger Ankündigung der Überanstrengung ein. Die bewehrte Säule weist daher einen größeren Sicherheitsgrad auf, als die unbewehrte. Dieser Umstand drückt sich auch in den zulässigen Spannungen aus.

Die Säulenfestigkeit ist bei Stampfbeton meistens geringer als die des Probewürfels, bei Gußbeton im Durchschnitt höher. Die Festigkeit eines aus der Säule herausgeschnittenen Würfels ist in den allermeisten Fällen um 10 bis 20% höher als die Säulenfestigkeit. Ferner treten in ein und derselben Säule am Kopf meistens niedrigere Festigkeiten als am Säulenfuß auf. Diese Erscheinungen rühren vom Wechseln der Wassermenge, ungleicher Stampfarbeit und Wasserabsaugung durch die Schalung her.

Knickung

3. **Stützen mit Knickgefahr** sind mit vorstehenden Beanspruchungen für die ω fache Stützenbelastung zu bemessen, wobei die Knickzahl ω abhängig ist vom Schlankheitsgrad (Höhe der Stütze h — § 18, Ziffer 8 — geteilt durch die kleinste Stützendicke d) gemäß nachstehender Tafel.

Tafel III der Önorm

$\dfrac{h}{d}$	Knickzahl $\omega = \dfrac{\sigma_{b\,zul}}{\sigma_{k\,zul}}$	$\dfrac{\Delta\omega}{\dfrac{\Delta h}{d}}$
1. Für quadratische und rechteckige Stützen mit einfacher Bügelbewehrung		
15	1,0	
20	1,25	0,05
25	1,75	0,10
2. Für umschnürte Stützen		
13	1,0	
20	1,7	0,1
25	2,7	0,2

Zwischenwerte sind geradlinig einzuschalten.

Stützen mit Knickgefahr kommen im Hochbau ziemlich selten vor. Als Knicklänge ist die gesamte Säulenhöhe aufzufassen. Infolge der verwickelten Spannungszustände ist die ganze Knickberechnung sehr unsicher. Bei gleicher Ausweichgefahr nach allen Richtungen tritt das Ausknicken in der Ebene des kleinsten Trägheitsmomentes ein. Je geringer ferner das Dehnmaß E ist, desto leichter knickt die Säule aus. In umschnürten Säulen ist E beim Bruchzustand wesentlich kleiner als in gewöhnlichen Säulen. Daher ist die Knickgefahr bei den umfangbewehrten Stützen eine größere.

Biegung und Biegung mit Längskraft

4. Biegung und Biegung mit Längskraft. Die zulässigen Beanspruchungen der Tafel IV gelten in:

Spalte a:

für mindestens 20 cm hohe, tatsächliche oder rechnungsmäßige Rechteckquerschnitte,

für Pilzdecken,

für Rahmen, Bogen und Stützen als Teile rahmenartiger Tragwerke, wenn diese ausführlich nach der Rahmentheorie berechnet werden, und zwar bei gewöhnlichen Hochbauten unter Annahme ungünstigster Laststellung, bei anderen Bauten außerdem unter Berücksichtigung von Wärme und Schwinden, bei Brücken unter Berücksichtigung aller Einflüsse;

Spalte b:

für Platten von mindestens 10 cm Dicke in Hochbauten einschließlich Fabriken ohne wesentliche Erschütterungen,

für Plattenbalken, ausmittig belastete Stützen und andere Tragwerke, soweit sie nicht unter Spalte a fallen,

für Stützenquerschnitte der Spalte c;

Spalte c:

für Platten von weniger als 10 cm Dicke,

für die unmittelbar starken Erschütterungen ausgesetzten Bauteile in Hochbauten,

für Platten und Träger der Fahrbahntafel in Straßenbrücken und Hausdurchfahrten;

Spalte d:

für Balkenbrücken unter Eisenbahngleisen, bei Berücksichtigung von Eigengewicht, Verkehrslast, Flieh- und Bremswirkung. Werden sämtliche Einflüsse berücksichtigt, so dürfen die in Spalte d genannten zulässigen Spannungen um 30 v. H. erhöht werden. Dabei dürfen aber die ohne diese Kräfte errechneten Spannungen die dort genannten Werte nicht überschreiten.

Tafel IV der Önorm.

	Zulässige Beanspruchungen in kg/cm²			
	a	b	c	d
1. Portlandzement:	Beton auf Druck			
$W_{e\,28} \geqq 200$ kg/cm² und außerdem $W_{b\,28} \geqq 100$ kg/cm²	50	40	35	—
2. Frühhochfester Portlandzement: $W_{e\,28} \geqq 275$ kg/cm² und außerdem $W_{b\,28} \geqq 130$ kg/cm²	60	50	40	—
3. In besonderen Fällen bei Nachweis der Würfelfestigkeit:	$\sigma_{zul} = \dfrac{W_{b\,28}}{2}$	$\sigma_{zul} = \dfrac{W_{b\,28}}{2,5}$	$\sigma_{zul} = \dfrac{W_{b\,28}}{3,5}$	$\sigma_{zul} = \dfrac{W_{b\,28}}{5}$
	jedoch nicht mehr als			
$W_{b\,28} \geqq v \cdot \sigma_{zul}$ und außerdem $W_{e\,28} \geqq 250$ kg/cm²	70	60	45	40
	Stahl auf Zug			
4. Stahl St 37,01 und St 37,06[1]	1200	1200	1000	800
5. Stahl mit einer Streckgrenze von mindestens 3000 kg/cm² nur in Verbindung mit Beton nach 2 oder 3	1500	1500	1250	1000

[1] Fassung in der Ausgabe vom 1. September 1927: „4. Stahl St 37.“

Für Straßenbrücken ist in den Spalten a und b ein Stoßzuschlag zur Verkehrslast zu berücksichtigen, der von 0 bis 50 v. H. ansteigt, wenn das Verhältnis der ständigen Last zur Verkehrslast von 5 bis 0 abnimmt. Ständige Last und Verkehrslast beziehen sich im allgemeinen auf die ganze Brückenbreite und auf die Brückenlänge zwischen den Stützpunkten.

In den Spalten c und d ist ein Stoßzuschlag bis 50 v. H. bereits berücksichtigt. Ist ein höherer Stoßzuschlag geboten, so sind die stoßenden Lasten entsprechend zu erhöhen.

Bei Bauteilen, die auf Biegung beansprucht sind, ist die Bruchsicherheit durch den Widerstand der Stahleinlage in der Zugzone und den Widerstand des Betons in der Druckzone gegeben. Der Widerstand der Stahleinlagen ist für den Betonbalken mit Erreichung der Streckgrenze erschöpft. Es ist irrig, zu glauben, daß die Stahleinlagen bis zum Zerreißen ausgenutzt werden dürfen. Denn bei Überschreitung der Streckgrenze dehnen sich die Stahlstäbe derart stark, daß, unter ständig sich vergrößernder Durchbiegung, der Balken bricht. Da die Streckgrenze des Stahles bei rund 2400 kg/cm² liegt, so ist bei einer zulässigen Beanspruchung von 1200 kg/cm² eine rund zweifache Sicherheit der Stahleinlagen vorhanden. Bei stark bewehrten Betonträgern kann der Bruch vor Erreichen der Streckgrenze der Stahleinlagen durch Zerdrücken des Betons in der Druckzone erfolgen. Da der Beton infolge seiner Herstellung an der Baustelle eine viel größere Ungleichmäßigkeit zeigt, als die Bewehrungsstähle, so ist für den Widerstand desselben eine größere, rund vierfache Sicherheit erforderlich. Die Einlage von Druckstählen, in mäßig zugbewehrten Trägern aus normgemäßem Beton, vergrößert diese Sicherheit nicht.

Infolge der Abweichung der Annahmen, die als Grundlage für die Biegungsberechnung dienen, von der Wirklichkeit, ergibt sich die rechnerische Biegedruckfestigkeit bedeutend höher als die Würfeldruckfestigkeit. Die aus dem Probebalken abgeleiteten Werte von W_b sind um $1/_3$ größer als die der Würfelprobe aus dem gleichen Beton. Da aber die wirkliche Anstrengung nahezu dieselbe ist, so muß die aus dem Biegedruck abgeleitete Festigkeit mit $3/_4$ multipliziert werden, um die Würfeldruckfestigkeit zu erhalten.

Während bei den Stützen unter mittigem Druck die zulässigen Beanspruchungen nur in zwei verschiedene Gruppen zerfallen, tritt bei Biegung oder Druck und Biegung eine ziemlich starke Differenzierung auf. Diese wirkt sich besonders bei den Platten aus, ist aber auch bei den anderen Konstruktionen sehr einschneidend.

Zusammenstellung für Konstruktionen im Hochbau

Folgende Zusammenstellung enthält für die wichtigsten Konstruktionstypen bei Hochbauten und Hausdurchfahrten die Folgerungen aus den Bestimmungen der Ziffer 4. Die bruchartigen Zahlen bedeuten die möglichen Spannungskombinationen je nach Beton- und Stahlqualität; die Spannungen sind in t/dm² angegeben.

NB! Bei unmittelbar starken Erschütterungen ausgesetzten Bauteilen und für Platten und Träger von Hausdurchfahrten sind nur die Werte $\frac{100}{3,5,\ 4,0,\ 4,5}$ und $\frac{125}{4,0,\ 4,5}$ möglich. Folgende Werte gelten nur bei unwesentlichen Erschütterungen des Bauteiles:

a) Platten mit Ausnahme von Pilzdecken.

$$1.\ d \geq 20\ \text{cm} : \frac{120}{5,\ 6,\ 7,}\ \text{oder}\ \frac{150}{6,\ 7}.$$

$$2.\ d = 10\ \text{bis}\ 20\ \text{cm} : \frac{120}{4,\ 5,\ 6}\ \text{oder}\ \frac{150}{5,\ 6,\ 7}$$

Für diese Platten wird es bei Anordnung von Anläufen oft möglich sein, für die Stützquerschnitte nach Abb. 30 (Önorm Abb. 3) die 20 cm zu erreichen und die Zone, in welcher dieses eintritt nach 1. zu berechnen.

$$3.\ d = 7\ \text{bis}\ 10\ \text{cm} : \frac{1000}{3,5,\ 4,0,\ 4,5}\ \text{oder}\ \frac{1250}{4,0,\ 4,5}$$

Bei diesen Plattenstärken erscheinen die zulässigen Stahlspannungen auf $^5/_6$ reduziert. Auch hier werden oft die Plattenanläufe nach 2. gerechnet werden können.

b) Plattenbalkendecke.

I. Feldquerschnitte. 1. Rechnungsmäßiger Rechteckquerschnitt, $x < d$: $\frac{120}{5,\ 6,\ 7}\ \text{oder}\ \frac{150}{6,\ 7}.$

2. Eigentlicher Plattenbalkenquerschnitt, $x > d$, wenn der Träger Teil eines Rahmens ist und derselbe ausführlich nach der Rahmentheorie unter Annahme der ungünstigsten Belastung berechnet wird : $\frac{120}{5,\ 6,\ 7}\ \text{oder}\ \frac{150}{6,\ 7}$,

für auf den Stützen frei drehbar gelagerte Träger, sowie alle im Mauerwerk eingespannten Träger, ferner als Teil eines Rahmens, wenn derselbe nicht ausführlich nach der Rahmentheorie unter Annahme der ungünstigsten Belastung berechnet wird: $\dfrac{120}{4,\ 5,\ 6}$ oder $\dfrac{150}{5,\ 6}$

II. Rechteckige Querschnitte über den Stützen wie unter 1. bei den Platten.

c) Stützen.

1. Stützen als Teile eines Rahmens oder rahmenartiger Tragwerke (z. B. Pilzdecken oder in steifer Verbindung mit Durchlaufträgern) bei ausführlicher Berechnung nach der Rahmentheorie unter Annahme der ungünstigsten Belastung bei unwesentlichen Erschütterungen: $\dfrac{120}{5,\ 6,\ 7}$ oder $\dfrac{150}{6.\ 7}$

2. Ausmittig belastete Stützen, die nicht Teile eines Rahmens sind oder als Teile eines Rahmens nicht nach der genauen Rahmentheorie unter Annahme der ungünstigsten Belastung berechnet werden, oder solche Stützen unter Trägern, die selbst unmittelbar starken Erschütterungen ausgesetzt sind: $\dfrac{120}{4,\ 5,\ 6}$ oder $\dfrac{150}{5,\ 6}$

Schub-, Dreh- und Haftspannungen

5. Die Schubspannung τ_0 und die Drehspannung des Betons dürfen bei Portlandzement 4 kg/cm², bei frühhochfestem Portlandzement 5,5 kg/cm² nicht überschreiten (§ 18, Ziffer 4).

Bei stark belasteten Rechteckbalken ist die Möglichkeit von Verdrehungsbeanspruchungen durch eine Ausmitte der Kraftebene bezüglich der Symmetriebene des Trägers gegeben. In solchen Fällen erweist sich die Anordnung einer ausreichenden Anzahl von Bügeln als zweckmäßig, da diese den Drehwiderstand eines Trägers erheblich erhöhen.

6. Die zulässige Haftspannung τ_1 (Gleitwiderstand) beträgt 5 kg/cm² (§ 18, Ziffer 5).

Tabelle XXII. Rundstahltabelle

Durchmesser	Gewicht	Umfang	Fläche	Fläche von										
				Stücken										
				2	3	4	5	6	7	8	9	10	11	12
mm	kg m	cm	cm²	cm²										
1	0,006	0,31	0,008	0,016	0,024	0,031	0,039	0,047	0,055	0,063	0,071	0,079	0,087	0,095
2	0,024	0,63	0,031	0,063	0,094	0,128	0,157	0,188	0,220	0,25	0,28	0,31	0,35	0,38
3	0,055	0,94	0,07	0,14	0,21	0,28	0,35	0,42	0,49	0,56	0,63	0,70	0,77	0,84
4	0,098	1,26	0,13	0,25	0,38	0,50	0,63	0,76	0,89	1,00	1,15	1,26	1,39	1,52
5	0,153	1,57	0,20	0,39	0,59	0,78	0,98	1,18	1,38	1,57	1,77	1,96	2,16	2,36
6	0,220	1,89	0,28	0,56	0,85	1,13	1,41	1,70	2,00	2,26	2,54	2,82	3,10	3,38
7	0,300	2,20	0,38	0,77	1,15	1,54	1,92	2,31	2,69	3,08	3,46	3,84	4,22	4,60
8	0,392	2,51	0,50	1,00	1,51	2,01	2,51	3,01	3,51	4,02	4,52	5,02	5,52	6,02
9	0,496	2,83	0,64	1,27	1,91	2,54	3,18	3,82	4,46	5,08	5,72	6,36	7,00	7,64
10	0,612	3,14	0,79	1,57	2,36	3,14	3,93	4,71	5,50	6,28	7,08	7,85	8,64	9,43
11	0,740	3,46	0,96	1,90	2,85	3,80	4,75	5,70	6,66	7,60	8,56	9,50	10,46	11,42
12	0,881	3,77	1,13	2,26	3,39	4,52	5,65	6,79	7,91	9,05	10,18	11,31	12,44	13,57
13	1,034	4,08	1,33	2,65	3,98	5,31	6,64	7,96	9,31	10,62	11,95	13,27	14,60	15.93
14	1,199	4,40	1,54	3,08	4,62	6,03	7,70	9,24	10,78	12,32	13,86	15,39	16,94	18,48
15	1,377	4,71	1,76	3,53	5,30	7,07	8,85	10,60	12,32	14,14	15,84	17,67	19,36	21,12
16	1,568	5,03	2,01	4,02	6,03	8,04	10,05	12,06	14,07	16,08	18,09	20,11	22,11	24,12
17	1,768	5,34	2,27	4,54	6,81	9,08	11,35	13,62	15,87	18,16	20,43	22,70	24,97	27,24
18	1,923	5,65	2,54	5,09	7,63	10,18	12,72	15,26	17,78	20,36	22,86	25,45	27,94	30,48
19	2,209	5,97	2,84	5,67	8,51	11,34	14,18	17,02	19,88	22,68	25,56	28,35	31,24	34,08
20	2,488	6,28	3,14	6,28	9,42	12,57	15,70	18,84	21,98	25,14	28,26	31,42	34,54	37,68

Durchmesser	Gewicht	Umfang	Fläche	Fläche von										
				2	3	4	5	6	7	8	9	10	11	12
				Stücken										
mm	kg/m	cm	cm²	cm²										
22	2,962	6,91	3,80	7,60	11,40	15,21	19,01	22,81	26,61	30,41	34,21	38,01		
24	3,525	7,54	4,52	9,05	13,57	18,10	22,62	27,14	31,66	36,19	40,71	45,24		
25	3,824	7,85	4,91	9,82	14,73	19,63	24,54	29,45	34,36	39,27	44,18	49,09		
26	4,136	8,17	5,31	10,62	15,93	21,24	26,55	31,86	37,17	42,47	47,79	53,10		
28	4,797	8,80	6,16	12,31	18,47	24,63	30,79	36,94	43,10	49,26	55,42	61,51		
30	5,507	9,42	7,07	14,14	21,21	28,27	35,34	42,41	49,48	56,55	63,63	70,68		
32	6,266	10,05	8,04	16,08	24,13	32,17	40,21	48,26	56,26	64,34	72,34	80,42		
34	7,074	10,68	9,08	18,16	27,24	36,32	45,40	52,40	63,56	72,63	81,72	90,79		
35	7,496	11,00	9,62	19,24	28,86	38,48	48,11	57,73	67,34	76,97	86,58	96,21		
36	7,930	11,31	10,18	20,36	30,54	40,74	50,90	61,07	71,25	81,43	91,61	101,79		
38	8,836	11,94	11,34	22,68	34,02	45,36	56,70	68,04	79,38	90,73	102,06	113,41		
40	9,791	12,57	12,56	25,13	37,70	50,26	62,83	75,36	87,92	100,53	113,04	125,66		
42	10,794	13,20	13,85	27,71	41,56	55,42	69,28	83,12	96,95	110,83	124,66	138,54		
44	11 846	13,82	15,20	30,41	45,61	60,82	76,00	91,23	106,42	121,64	136,84	152,05		
45	12,391	14,14	15,90	31,81	47,71	63,62	79,50	95,42	111,32	127,23	143,13	150,04		
46	12,948	14,45	16,62	33,24	49,86	66,48	83,10	99,71	116,34	132,95	140,58	166,19		
48	14,008	15,08	18,09	36,19	54,29	72,38	90,45	108,58	126,67	144,77	162,86	180,96		
50	15,296	15 71	19,63	39,27	58,90	78,54	98,15	117,81	137,40	157,08	176,67	196,35		

Sachverzeichnis

Material- und Zeitaufwand bei Bauarbeiten

127 Tabellen zur Ermittlung der Kosten von Erd-, Maurer-, Putz-, Estrich- und Fliesen-, Asphalt-, Dichtungs- (Isolierungs-), Beton- und Eisenbeton-, Zimmerer-, Dachdecker-, Spengler- (Klempner-), Tischler- (Schreiner-), Beschlag-, Glaser-, Maler-, Anstreicher-, Klebe-, Hafner- (Ofen- und Herdsetzer-) Entwässerungs-, Brunnenmacher-Arbeiten

Von

Arnold Ilkow

Zivilingenieur für das Bauwesen und Baumeister

D r i t t e, verbesserte und vermehrte Auflage. 72 Seiten. 1927
RM 4,40, S 7.50

Der Bau- und Maurermeister in der Praxis

Ein Hilfs- und Nachschlagebuch für den täglichen Gebrauch

Von

Architekt **Edmund Schönauer**, Stadtbaumeister

Empfohlen von der Genossenschaft der Bau- und Steinmetzmeister, uralte Haupt-hütte in Wien, und vom Verband der Baumeister Österreichs

Z w e i t e, vollständig umgearbeitete und wesentlich erweiterte Auf-lage. In Taschenformat
Mit 21 Abbildungen im Text. 115 Seiten. 1927

Teil I: **Tabellen.** 60 Seiten. Teil II: **Preisanalysen.** 55 Seiten
RM 6,—, S 10,—

Das Buch bietet dem Besitzer die Handhabe, sich über die technischen Voraussetzungen jedes Bauentwurfes bezw. jeder Baureparatur klare, zahlenmäßig umrissene Vorstellungen zu bilden

Die Preisermittlung der Zimmererarbeiten

und ihre technisch-kaufmännischen Grundlagen

Von

Ing. Hugo Bronneck

Behördl. autor. Zivilingenieur für das Bauwesen

Mit zahlreichen Tabellen, Abbildungen und Zahlenbeispielen aus der Praxis. VI, 88 Seiten und 16 Notizblätter. 1927
RM 4,80, S 8,—

Das Buch will ein Hilfsbuch für die Ermittlung und Prüfung angemessener Angebotspreise sein. Es enthält zu diesem Zweck eine genaue Beschreibung der verschiedenen Arbeitsvorgänge und Lieferungen sowie Angaben über Material- und Zeitaufwand auf Grund in der Praxis ermittelter Erfahrungswerte. In Rücksicht auf die zunehmende Bedeutung des Holzbaus ist das Werk für Unter-nehmer, Behörden und Studierende ein wichtiges und lehrreiches Handbuch.

(Die Baugilde, Heft 16, 1927)

Die Baukunde
mit besonderer Berücksichtigung des Hochbaues und der einschlägigen Baugewerbe

Von

M. techn. Rat **Franz Titscher**

S e c h s t e, erweiterte und verbesserte Auflage

Band I: **Die Baustoffe.** — Band II: **Die Baukonstruktionslehre**

In einem Doppelband. 640 Seiten. Format: 16:25,5 cm
Mappe mit 120 Plantafeln, einseitig bedruckt. Format: 25,5:32 cm. 1927
RM 27,—, S 45,—; in Ganzleinen gebunden RM 29,40, S 49,—

Textband und Mappe werden nur zusammen abgegeben

Die sechste Neuauflage des bekannten trefflichen Handbuches vereinigt in den zwei Bänden die Vorzüge eines ausgezeichneten Lehrbuches und Lernbehelfes mit der ausführlichen Besprechung des konstruktiven Hochbaues und der wichtigeren Baugewerbe. Es veranschaulicht diese durch zahlreiche, alle Einzelheiten der Ausführung in deutlichem Maßstabe und in übersichtlicher Kotierung beigegebenen, technisch einwandfrei ausgearbeiteten Planzeichnungen in instruktiver Anordnung.
(Deutsche Baumeister-Zeitung, Folge 1, 1928)

Band III: **Zeichnen und Entwerfen von Hochbauten**

Textband 48 Seiten. Format: 16:25,5 cm
Mappe enthaltend 23 einseitig bedruckte Tafeln
Format: 25,5:32 cm. 1928

Textband und Pappmappe RM 7,20, S 12,—
Textband und Leinenmappe RM 8,70, S 14,50

Nachtrag zu Band III. 36 Blatt. Format 25,5:32 cm. Mit zahlreichen Grundrißentwürfen.
In Pappmappe RM 7,20, S 12,—; in Leinenmappe RM 8,70, S 14,50

Band III, kompl. mit Nachtrag. Nur in Leinenmappe RM 15,90, S 26,50

Dem Lernenden wird der Weg von den elementarsten Grundlagen des Zeichnens unter gleichzeitiger Beschreibung der Behelfe bis zum Vergrößern und Verkleinern von Plänen gewiesen, wobei auch die Grundelemente der architektonischen Formenlehre behandelt werden ... Nebenbei wird das Wichtigste der Hausplanung, der Grundrißentwurf für mittelständische Wohnhäuser vom technischen und wirtschaftlichen Standpunkte aus besprochen, und acht als gelungen zu bezeichnende Entwürfe dienen als belehrende Vorlagen für angehende und auch im Berufe stehende Konstrukteure.
(Österreichische Bauzeitung, Nr. 28, 1928)

Technische Gesetze. Ein Schlagwortverzeichnis der in Österreich geltenden Gesetze, Verordnungen usw. des Bundes und der Länder. Von Ing. **Arnold Ilkow,** Zivilingenieur für das Bauwesen. Erweiterter Sonderabdruck aus Junk-Herzka „Der Bauratgeber", 8. Auflage. 54 Seiten. Format 15·5:23 cm. 1928.   RM 3,—, S 4,80

Erkenntnisse des Verwaltungsgerichtshofes in Bausachen.
Eine Sammlung für die Praxis wichtiger Entscheidungen. Von Ing. **Fritz Torggler,** Stadtbauoberkommissär. VIII, 112 Seiten. 1929.   RM 5,70, S 9,50